51款超美味
奶酪蛋糕

【日】石泽清美 著　于春佳 译

南海出版公司

2015·海口

图书在版编目（CIP）数据

51款超美味奶酪蛋糕 / (日) 石泽清美著；于春佳

译. -- 海口：南海出版公司，2015.1（2015.12重印）

ISBN 978-7-5442-7379-4

Ⅰ. ①5… Ⅱ. ①石… ②于… Ⅲ. ①蛋糕 – 烘焙

Ⅳ. ①TS213.2

中国版本图书馆CIP数据核字（2014）第208531号

著作权合同登记号　图字：30-2014-119

TITLE：〔新装版　大好き！チーズケーキ　驚くほど簡単なチーズケーキのレシピ51〕

BY：〔石澤 清美〕

Copyright © Shufunotomo Co., Ltd. 2010

Original Japanese language edition published by Shufunotomo Co., Ltd.

All rights reserved. No part of this book may be reproduced in any form without the written permission of the publisher.

Chinese translation rights arranged with Shufunotomo Co., Ltd.Tokyo through Nippon Shuppan Hanbai Inc.

51KUAN CHAO MEIWEI NAILAO DANGAO

51款超美味奶酪蛋糕

策划制作　北京书锦缘咨询有限公司（www.booklink.com.cn）
总 策 划　陈　庆
策　　划　邵嘉瑜

作　　者　【日】石泽清美
译　　者　于春佳
责任编辑　张　媛　曹冬育
装帧设计　季传亮
出版发行　南海出版公司　电话：（0898）66568511（出版）　65350227（发行）
社　　址　海南省海口市海秀中路51号星华大厦五楼　邮编：570206
电子信箱　nhpublishing@163.com
经　　销　新华书店
印　　刷　北京美图印务有限公司
开　　本　787毫米×1092毫米　1/16
印　　张　5.5
字　　数　100千
版　　次　2015年1月第1版　2015年12月第3次印刷
书　　号　ISBN 978-7-5442-7379-4
定　　价　36.00元

CONTENTS

51款超美味奶酪蛋糕

基础知识

part 1
ice boxed cheese cake
基础冻奶酪蛋糕 &变化花式

应用篇
8款经典奶酪蛋糕

I LOVE CHEESE CAKES!

基础知识

本书中出现的
各种奶酪

在此主要向您介绍适合用于制作奶酪蛋糕的6种奶酪。
如果您稍微了解一些奶酪知识，知道自己在制作时选用的是哪种奶酪，一定会为您的美味体验增添不少乐趣！

cottage cheese

【鲜奶酪】

这是一类没有经过熟成的奶酪，淡淡的酸味以及清爽的风味是其主要特点。由于这种奶酪不易保存，开封后请尽快食用。

cream cheese

农家奶酪
●●●●●

这是一种选用脱脂牛奶和脱脂奶粉制作、低脂肪、高蛋白的奶酪类型。农家奶酪带有淡淡的酸味，清爽的口感是其主要特点。用于制作甜点时，最好选用如图那样经过过滤处理的奶酪，使用起来较为方便。如果没有过滤后的奶酪，可以在使用之前自行过滤，待奶酪变得光滑之后再进行制作。
※制作P37 "农家奶酪和豆浆蜂蜜奶酪蛋糕"、P60 "农家奶酪蛋糕" 时使用。

mascarpone

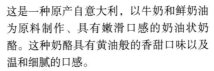

马斯卡彭奶酪
●●●●●

这是一种原产自意大利，以牛奶和鲜奶油为原料制作、具有嫩滑口感的奶油状奶酪。这种奶酪具有黄油般的香甜口味以及温和细腻的口感。
※制作P28的提拉米苏时使用

奶油奶酪
●●●●●

在牛奶中加入鲜奶油后制成，这种奶酪质地较为光滑，具有浓郁的香味。奶油奶酪中奶酪独有的香味和怪味较淡，其较为浓郁的口感和馥郁的香味，非常适合用来制作奶酪蛋糕。
※本书中几乎所有的奶酪蛋糕中都会使用此种奶酪

【熟成型奶酪】

熟成型奶酪是指添加青霉和白霉之后，用盐水清洗干净、经熟成操作后制成的奶酪。其熟成时间因奶酪不同会出现差异，采用这种方法制作出的奶酪一般具有较为独特的风味。随着奶酪熟成时间的增加，奶酪中会带有氨气的臭味，这样的奶酪一般情况下不适合用于制作甜点，选用食材的时候请注意选择。

blue cheese

camembert

fromage blanc

白奶酪

●●●●●

在法语中，fromage blanc是"白色奶酪"的意思。正如其名字一样，这是一种雪白、具有滑腻口感的奶酪种类。奶酪带有酸奶般的酸爽口感，很适合与水果酱汁搭配食用。

※制作P72的天使奶油时使用

蓝芝士

●●●●●

这是一种添加青霉、经熟成操作后制成的奶酪，奶酪呈大理石状纹理，能够看到混入的青霉，具有很强烈的独特香味。其特有的香味和略浓郁的咸味是其主要特点。

※制作P30的蓝芝士红酒奶酪蛋糕时使用

卡芒贝尔奶酪

●●●●●

这是一种原产自法国、加入白霉后经熟成操作制成的奶酪。奶酪的外面坚硬无比，里面却是奶油状的，这种奶酪具有独特的风味和咸味。随着熟成时间的增加，奶酪的浓郁程度会有所增加，等到奶酪中间部位完全变软后，也是最佳的食用时机。

※制作P68的卡芒贝尔奶酪果酱舒芙蕾时使用

制作奶酪蛋糕所需
的各种食材
Materials

这里主要向您介绍本书中制作蛋糕时使用的各种食材。
具体食材的挑选方法和主要特点会详细列出，请参考之后再购买。

奶油奶酪

市场上出售的奶油奶酪通常为200g和250g，Part1~2中一般选用200g大小的奶酪。制作后剩余的奶酪可以直接用保鲜膜裹起来放入冰箱冷藏室里保存，为保证风味，开封后的奶酪要尽快食用。

鲜奶油

鲜奶油分为植物性和动物性两种，本书中的奶酪蛋糕选用风味浓郁的动物性奶油。建议您选用乳脂含量在47%左右的鲜奶油。

酸奶

制作奶酪蛋糕时，请选用不加糖的原味酸奶。由于酸奶表面会有一种叫做乳清的液体析出，使用之前请将其充分搅拌均匀。

无盐黄油

这种无盐黄油具有丰富的风味和浓郁的香味。加盐黄油味道更重一些，制作甜点时最好选用无盐黄油。如果短时间内用不完那么多黄油，可以将其切成小块，包上保鲜膜，倒入塑料袋中，置于冰箱中保存。

细砂糖

细细的颗粒、微甜的口感是细砂糖的主要特点。将细砂糖制成粉末状就变成了糖粉，P62~63中用于点缀做好的蛋糕。

绵白糖

本书的蛋糕配方中未用"细砂糖"标注的全部是指绵白糖。绵白糖较为湿润、口感细腻，比细砂糖的甜度也更大些。

鸡蛋

选用M号、L号的均可。挑选鸡蛋时，一定要尽量选择最新鲜的。保存时，将鸡蛋圆头向上，置于冰箱中保存。由于蛋清还可以冷冻保存，可以将用于保存的蛋清放入小容器中冷冻，使用时将蛋清自然解冻即可。

柠檬

柠檬能够增加甜点的风味，是制作奶酪蛋糕必不可少的重要食材。需要将柠檬皮磨碎使用时，建议您选用无农药添加的有机柠檬。使用时，只需将柠檬的黄色外皮磨碎。

吉利丁片

吉利丁片是为了增加甜点的爽滑口感而添加的一种凝固剂，本书中是按照每片1.5g的吉利丁片可以凝固约60ml食材的比例使用的。吉利丁片加热沸腾后，其凝固力会有所下降，加热时请注意这一点。

红（白）葡萄酒

对吉利丁片进行融化的时候，需要加入少许葡萄酒，这样能够增加吉利丁片的风味。没有葡萄酒时，用水代替亦可。如果不想吉利丁片被红葡萄酒染红，建议您选用白葡萄酒。您也可以选用自己喜爱的任意洋酒。

低筋面粉

这是一种面筋含量较低的面粉。即使经过醒发，面糊也不会太粘，可以用于制作曲奇或者蛋糕等。开封后的低筋面粉很容易吸收味道，所以使用完后请密封保存，并尽快用完。

土豆淀粉

这是一种用土豆制作的淀粉。淀粉质地较轻，具有较为光滑的口感。本书中，主要将淀粉用于制作烘焙型的奶酪蛋糕。

方形饼干

用模具制作奶酪蛋糕时，可以将饼干直接摆到模具里，使用起来十分方便。图中饼干为加入大量黄油的类型，您也可以根据个人喜好进行选择（参照P15）。也有直接用饼干名字命名的蛋糕。

全麦饼干

全麦粉为采用带有小麦胚芽的麦粒磨制出的面粉，用这种面粉制作出的饼干就是全麦饼干。这种饼干以其低糖的口味和朴素的风味为主要特征。

★不同的吉利丁片或吉利粉，其凝固能力也有所差别，使用之前请一定要认真阅读说明书，明确多少g可以凝固多少ml食材，经过换算之后，决定自己的用量（本次选用的吉利丁片是按照每片＜1.5g＞可以凝固60ml食材为标准）。

意大利苦杏仁酒
这是一款充分体现杏仁风味的洋酒，也被叫做杏仁利口酒。酒味清爽、馨香，十分适合与水果搭配。

黑醋栗果酒
这是一款以黑醋栗为原料，呈黑褐色的洋酒，酒中淡淡的酸味和甜味是其主要特点。适合与草莓、蓝莓等浆果类水果搭配。

巧克力利口酒
这种一款充分体现巧克力香味的洋酒。将利口酒用于巧克力蛋糕的制作，能够提升蛋糕的风味，使蛋糕具有成熟的口感。

朗姆酒
这是一款以糖浆为原料制作出的蒸馏酒。适合与葡萄干等干果搭配，在使用之前，将坚果用朗姆酒浸泡，能够提升甜点的整体风味。

根据自己的喜好区分使用不同洋酒

制作甜点时，洋酒的用量虽然很小，却能提升甜点的整体风味，根据不同食材选用不同洋酒，能够让您体会不会风味带来的别样惊喜。制作甜点时，只需要加入一点洋酒调整风味即可。如果做出来的甜点是给小孩食用的，建议您不要添加洋酒。

制作奶酪蛋糕所需的各种工具
Tools

这里主要向您介绍制作蛋糕时需要用到的各种各样的便利工具。
选用方便、坚固的工具，能够让您充分体会到蛋糕制作的乐趣。

● 各种各样的模具

制作蛋糕常用的模具一般有不易生锈的不锈钢模具，和易于与食材分离的氟树脂模具。本书中出现的蛋糕种类，选用方形模具和圆形模具一般都可以做出。

● 直径15cm的活底圆形模具

本书主要将这种模具用于制作烘焙型奶酪蛋糕。蛋糕烤制完成后，只要轻轻按压底部，就能将蛋糕从模具中取出。

● 直径15cm的固底圆形模具

制作舒芙蕾奶酪蛋糕等需要隔水加热的甜点时，选用这种底部不能活动的模具，加热时，热水不容易溢到模具里。用这种模具制作烘焙型奶酪蛋糕时，烤好的蛋糕不容易与模具分离，为方便脱模，应事先在模具里垫上烤箱用垫纸（参照P40）。

● 方形模具 （14cm×11cm）

制作布丁等甜点时需要用到方形模具，常用的模具一般都是这种型号的。用这种模具制作蛋糕，做好的蛋糕容易与模具分离。制作果冻或者巧克力的时候也会选用这种模具，请务必买一个放在家里备用。

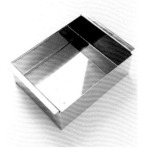

● 磅蛋糕模具 （18cm×8cm×6.5cm）

制作磅蛋糕的时候经常用到这种模具，模具有很多不同大小的型号。这种尺寸的模具与直径15cm的圆形模具容量一样。底部与整个模具一体，可以用于隔水烤制等。

● 铝制模具 （麦芬专用）

这是一种铝制麦芬模具，图中有直径7cm（参照P43）和直径6cm（参照P74）两种。为防止倒入面糊时面糊溢出，一般需要选择质地较厚的模具。

● 烤箱用垫纸

为防止烤好的蛋糕粘到模具上，一般需要事先铺上一层垫纸。垫纸分为石蜡、玻璃纸、硅质等不同素材。为方便将烤好的甜点从模具中取出，给模具铺垫纸的时候，要使垫纸比模具高出2~3cm。

● 称量用具

精确称量各种所需食材是做出美味甜点的第一步！大部分食材是以g为单位计量的，因此一定要购买能够精确到1g的称量用具。

● 秤

这是一种以g为单位的电子秤，称量时易于操作和读取。称重时，将容器置于秤上，按一下复位键，指针就会归零，直接将需要称量的食材置于容器中称量即可，使用起来十分方便。

● 量杯、量匙

量杯容量一般为1杯=200ml，为便于查看，请购买刻度较为清晰的。称量时，将量杯置于平面上，确认量杯保持水平状态后，再读取刻度。量匙按照大小分为大匙15ml和小匙5ml等，购买这两种就足够了。

● 搅拌工具

虽说搅拌看起来是十分简单的操作，但是根据选用食材的不同，搅拌方法也会大相径庭。根据不同食材和搅拌要求选择不同的搅拌工具也是十分重要的。

● 橡胶铲

橡胶铲主要用于搅拌面糊以及刮除容器边缘的食材。购买时要选择弹性好，能够耐200℃高温的类型。手柄和铲子一体的橡胶铲使用起来较卫生。

● 打蛋器

打蛋器主要用于食材的搅拌以及对鲜奶油的打发等。购买时要选择手柄较为坚硬、搅拌头结实，耐用的类型。

● 手持式搅拌机

搅拌机是电动型的，因此搅拌过程中不需费力，就能够迅速完成各种食材的搅拌。适合用于蛋白的搅拌、打发、制作蛋白酥等。加入面粉之后，食材容易变黏稠，此时一般不使用搅拌机进行搅拌。

● 盆、碗

用手持式搅拌机进行搅拌时，需要用深口容器（右图中最上），把食材搅拌均匀时，需要选用口大的（右图中间），融化吉利丁片时，需要选用最小的（右图中最下）。选用容器时，建议您选择传热较好的不锈钢制品。

● 过滤工具

想要制作出口感蓬松的美味甜点，制作之前一定要将面粉过筛，使面粉中含有较多的空气，去除结块等，这是做出美味甜点的必要步骤。

● 面粉筛、茶漏

一定要选用带有挂钩的过滤器，使用起来更加方便。过滤工具一般用于粉状食材的筛选、食材的过滤等。茶漏一般用于少量食材的筛选以及蛋糕完成后糖粉的筛撒等。

● 取出蛋糕

要想做出漂亮的蛋糕，一定要准备下面这些方便、好用的工具。

● 抹刀

也称为刮刀，主要用于将蛋糕从模具中取出以及涂抹奶油等。建议您选用长度为30cm左右的。

● 冷却架

一种用于冷却烤好甜点的网状容器。透气性较好，能够使食材快速冷却。建议您选用直径为30cm的类型。

超级实用的
甜点制作技巧

一些大家熟知的、一般不会写入食谱中的基本操作，
才是做出美味甜点的关键……
以下常用技巧不仅适用于奶酪蛋糕，还适用于制作各种甜点，
制作之前，请仔细阅读。

★ 用到的食材一定要提前从冰箱中取出，令其恢复到室温

从冰箱中刚取出的黄油或者奶酪温度较低、较为坚硬，搅拌起来耗费时间。用这样的食材制作奶酪蛋糕，容易使吉利丁片结块，增加烘焙型蛋糕的烤制时间……虽然只是很小的一个细节，却能成为蛋糕制作失败的原因。

★ 对食材进行精确称量是甜点制作的铁则

1 计量汤匙的正确测量方法

用量匙对液体进行测量时，以液体刚好凭借表面张力不能溢出为1匙容量。对粉末进行测量时，汤匙舀起食材，呈蓬松、隆起状，轻轻抖掉多余粉末即可。请一定不要从上面使劲按压汤匙，将食材充分压实。

★ "隔水加热"是指什么？

热水加热是指将钢盆的底部置于50℃左右的热水里，为防止直接加热使食材变焦而进行的间接加热。一般用于面糊的加热以及巧克力、吉利丁片等的融化操作。为防止加热过程中水分进入容器，一般要选择与容器底部大小差不多的锅进行加热操作（加热吉利丁片时除外）。

2 液体状食材和粉末状食材1/2量匙的计量方法有所不同

用量匙取1/2匙时，由于汤匙底部呈圆形，测量液体时，需要浸到2/3处才是1/2的容量。

量取粉末状食材时，则可以先量取1匙容量，再去掉一半即1/2匙的用量。

✦ 碗盆以及各种工具在使用之前 一定要擦干水分或者油

如果各种工具上有残留的水分或者油，就会影响食材的打发和搅拌，搅拌过程中食材容易出现分离现象，最终导致甜点制作失败。因此，在使用之前，一定要用干净抹布将工具擦拭干净。

容器中剩余面糊和粘有的面糊 也要充分搅拌均匀，直至最后 将其完全用光

将食材加入容器中充分搅拌时，食材会慢慢粘到容器边缘。这些面糊一直粘在容器边缘，无法与容器里的面糊混合到一起。因此，在将容器里的面糊倒入模具之前，一定要先用橡胶铲等工具将容器边缘刮干净，将面糊混入搅拌好的面糊里，充分搅拌几下，再进行后续操作。在平时制作过程中，很容易忽视的一点是，沾到橡胶铲和打蛋器上的面糊也是在配料范围内的，一定要清理干净后再进行后面的制作。

✦ 进行烤制的时候，加热时间 以600W的微波炉、烤箱等 为标准

根据选用机型的不同，功率会有所差异，用500W的机器时，加热时间要乘以1.2倍。此外，根据食材的状态，制作时也需要对加热时间作出适当调整。

食谱中提供的烤箱烤制时间只是一个大致 标准。具体在制作过程中，还需要您根据 食材的状态作出适当调整。

本书中出现的烤制时间均指选用烤箱进行烤制的标准时间。但是，不同型号的烤箱，其火力、运转方式等有所差异，即使按照标准时间进行设定，也不一定能够达到理想的烤制效果。您需要在平时制作过程中总结出自家烤箱的特点，烤制过程中可适当转换模具的位置，转换烤盘的朝向、调整烤制时间。如选用加热效率较高的对流式烤箱，建议您可将加热时间减少1~2成左右。

基础冻奶酪蛋糕
&变化花式

P20　　P21　　P22　　P23　　P23　　P24

微甜的口感，

搭配上柠檬的清爽风味，

就是经典的基础冻奶酪蛋糕。

只需将食材混合，慢慢搅拌均匀，

倒入铺有饼干的模具里，

就能轻松做出美味的奶酪蛋糕。

如此简单、易于操作，即使是初学者，

也能够轻松搞定，亲手做出美味甜点！

只要您掌握了基本的操作方法，

再加入一些小小的设计和巧妙搭配，

就能够体会出花样变化带来的新奇体验！

本章将向您介绍20种冻奶酪蛋糕的制作方法，

请根据个人口味和喜好选择适合自己的吧！

P27   P29   ➡ P31   P32   ➡ P34   ➡ P36   ➡ P37

基础冻奶酪蛋糕
ice boxed cheese cake

将各种食材搅拌均匀，模具底部铺上一层曲奇，
慢慢倒入搅拌好的食材，再放入冰箱冷藏。
如此简单就能制作出美味的冻奶酪蛋糕。
这里我们选用的是方形模具，您还可以选用P27那样的圆形模具，
制作出另一种风格的奶酪蛋糕。

食材 ●（14cm×11cm模具1个份）

奶油奶酪	200g
细砂糖	50g
原味酸奶	100g
柠檬汁	1大匙
鲜奶油	100ml
吉利丁片	4.5g（3片）
白葡萄酒	1大匙
任意喜欢的方形曲奇（参照P15）	4片左右

> **您可以根据个人喜好对食材进行适当增减！**
> ※如果您不喜欢吃甜的，加入的细砂糖量以50g为宜，喜欢吃甜的还可以将其增加至100g。
> ※如果不喜欢太酸，您可以将柠檬汁的用量减少至2小匙。
> ※如果没有白葡萄酒，也可以用清水代替。但使用洋酒，做出的蛋糕味道更好。您还可以试试P7介绍的各种洋酒，感受不一样的风味。
> ※按照以上配料进行制作，就能够做出松软可口的美味奶酪蛋糕。如果您想做好后当做礼物送给朋友，建议您将吉利丁片的用量增加到7.5g（5片），这样才能防止蛋糕在运送的过程中变形。但加入过多吉利丁片会使蛋糕的口感变硬。此时不要忘记在蛋糕周围放上冰袋。

只要记住这一款蛋糕的制作方法，就能变换出多种花样！

●准备工作

1 将各种食材称量备用。

2 准备好所需模具

为了便于将烤好的蛋糕从模具中取出，需要事先在模具底部铺上适当大小的烤箱用纸。制作冻奶酪蛋糕建议您选用硅质垫纸，不容易破损。

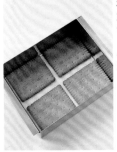

将准备好的方形曲奇摆放在模具底部。每块曲奇中间留有空隙亦可（曲奇的大小与模具大小不合时，可以参照P15采用其他方法处理）。

3 将吉利丁片泡软

将吉利丁片一片一片揭开，按顺序放入水中，浸泡一会儿。

吉利丁片整体变软，轻轻拉扯能够被拉伸即表明完成浸泡。

4 软化奶油奶酪

将奶油奶酪切成8~10等分，再用保鲜膜包裹起来，放入烤箱（600W）里加热40秒左右。用手指轻轻按压，能够留下指印即可。

为方便之后的搅拌操作，可事先用手揉搓保鲜膜，将奶酪揉碎。

5 将用于隔水加热（参照P8）的小锅里的水煮沸。

●制作方法

★ 将各种食材按顺序加入容器，搅拌均匀

1

将奶油奶酪加入不绣钢盆，用打蛋器搅拌至奶酪顺滑。

要点

想要去除沾在打蛋器上的奶酪，只需将搅拌器前端抵在容器底部轻轻敲几下即可。

2

将细砂糖一次性加入盆里，充分搅拌至食材没有颗粒感，出现光泽。

要点

一次加入难以搅拌均匀时，可以将细砂糖分2~3次加入，直至搅拌均匀。

3

加入酸奶后充分搅拌均匀。

4

加入柠檬汁后，充分搅拌均匀。

要点

由于酸奶和柠檬汁的酸味较强，如果不充分搅拌均匀，加入鲜奶油后，食材容易出现分离现象。

5

将鲜奶油一次性加入容器，搅拌至奶油与面糊完全融合。

要点

搅拌过程中，让更多的空气混入面糊里，搅拌出光滑细腻的面糊才是做出美味蛋糕的关键。

检查！

查看面糊的搅拌状态，面糊整体出现光泽，能够留下打蛋器的痕迹，用打蛋器挑起面糊时，面糊能拉起尖角，即表示搅拌完成。

★ 对面糊进行隔水加热

6

对**5**中搅拌好的食材进行隔水加热（参照P8），边加热边用打蛋器搅拌均匀。

要点

这一步骤的操作虽然有些麻烦，但却十分重要！面糊温度过低，容易使吉利丁片凝固，影响蛋糕的口感。

7

加热至靠近容器边缘的面糊变软后，将容器从锅上移开，把食材搅拌均匀。查看面糊的搅拌状态，加热2次左右，至面糊变稀，最后将面糊搅拌至光滑状即可。

要点

用手指摸一下搅拌好的面糊，如果面糊凉了，可以再加热一次，使面糊保持温热。

用搅拌机进行面糊的搅拌

在以上制作方法的**1~5**中用食品搅拌机代替人工手动搅拌，会事半功倍！关键的一点是，一定要最后再加入容易与其他食材分离的鲜奶油。制作烘焙型蛋糕时，也可以按照这种方法完成。

制作方法

将奶油奶酪、细砂糖、原味酸奶、柠檬汁加到搅拌机中，搅拌至食材顺滑，最后加入鲜奶油充分搅拌均匀即可。将搅拌好的面糊从搅拌机中取出，倒入不绣钢盆里，继续步骤**6**之后的操作。

★加入吉利丁片

8

在小碗里加入适量白葡萄酒，隔水加热，一片一片向里面加入沥干水分的吉利丁片，将吉利丁片充分融开。

检查！

把吉利丁片融化至没有硬块，完全呈液体状即可。

9

将8中融开的吉利丁片溶液通过橡胶铲引流，倒在7里。为将吉利丁片溶液彻底搅拌均匀，搅拌时要将食材从容器底部向上抄起，充分搅拌开。如果搅拌过程中发现吉利丁片结块，可以再次对食材进行隔水加热。

检查！

搅拌完成的面糊完全没有吉利丁片的结块，面糊细腻、光滑，用橡胶铲铲起，能够清晰看到细腻的面糊流下，面糊的痕迹慢慢消失。这样就表明搅拌完成了。

★倒入模具

10

将面糊倒入模具。

要点

虽然下面铺的曲奇有差别，但如将面糊一次性倒进去，面糊会很容易溢出来。所以倒入面糊时，先少倒一些，让面糊充分渗到曲奇里，待面糊填充了曲奇间的空隙后，再慢慢倒入剩余部分。

11

用橡胶铲整理面糊表面，将面糊摊开，从一侧填满四角，整理好后，盖上保鲜膜，将模具放入冰箱里冷藏2小时左右，使其充分凝固。

1

准备一个能够放进模具的容器，倒入适量热水，将模具放入容器里，将模具温一下。

2

为防止蛋糕粘到模具上，需要用蘸水的手指轻轻压几下模具边缘，这样方便之后蛋糕与模具分离。

3

去除前后两侧的模具。

4

为防止蛋糕粘到模具上，将抹刀用水浸湿，插入蛋糕侧面，将其与模具分离。最后，将抹刀插到铺在模具底部的烤箱用垫纸下，将蛋糕托起来，移到砧板上即可。

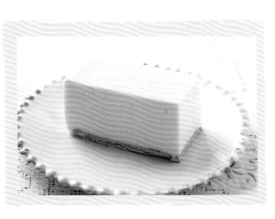

● 切蛋糕的方法--------

★ 需要切割时

1
将用于切割的长刀置于
热水中浸一下，用抹布
擦干水分。

2
将刀垂直放于蛋糕上，
慢慢向下切，重复切割
时，一定不要忘记重复1
中的操作。

3
将蛋糕切割成您喜欢的
大小，将长刀置于蛋糕
下面，去除垫纸。

★ 无需切割直接装盘时

直接将长刀置于蛋糕下面，将蛋糕托
起，再撕掉烤箱用垫纸。此时要注
意，蛋糕很容易碎裂，操作的时候要
小心些。

变换铺在蛋糕下面的曲奇，就能让您体会别样的美味！

铺在最下面的可以是曲奇饼干，也可以是蛋糕等，只要您喜欢，什么都可以尝试。此外，还可以将曲奇压
碎，加入黄油，做成口味浓郁的蛋卷风味曲奇饼。只需变换不同饼底，就能品尝各种品味。

★ 曲奇饼底的制作方法

1
选择一款您喜欢的曲奇
饼干，取40g置于塑料袋
里，用手将其揉碎。

2
用空瓶子或者杯子敲打，
将曲奇压得碎一些。

铺在底部的曲奇，除了原味的，
还建议您选用巧克力味或者杏仁
味的。选用方形模具时，方形的
曲奇可以直接铺在模具底部，操
作起来十分方便。

3
将20g无盐黄油放入耐热
容器里，用微波炉加热
30秒左右，将其化开，
加到**2**里。

软润香甜的海绵蛋糕，风味独
特，直接将其切片，摆放于模具
底部即可（P22中使用）。

4
将黄油与曲奇碎屑充分
搅拌均匀。

★ 方形曲奇与模具大小不合适时

只需用刀子将曲奇
切成适当大小，摆
满模具底部即
可。您可以根据
自己的喜好选择
多种曲奇尝试。

5
将**4**中搅拌好的曲奇碎
屑倒入模具，用汤匙背
轻轻按压，在模具底部
铺上均匀的一层。做好
蛋糕面糊后，直接将面
糊倒入模具，再将模具
置于冰箱里让蛋糕凝固
即可（圆形模具也采用
同样的操作方法）。

各种酱汁 赋予甜点味道&色彩的多样变化

简单的奶酪蛋糕就已经十分美味了，
再添加一小匙酱汁，就更能体会出别样的美味，
稍加搅拌&搭配，能做出更多变化。

红酒打造成熟气质
草莓红酒酱

食材●（约100ml份）

草莓······························100g
细砂糖·····························30g
红酒······························3大匙

制作方法●

将草莓去蒂，纵向切成4等份，置于
耐热容器里。撒上适量细砂糖，腌制
30分钟左右，直至草莓溢出汁液。加
入红酒后搅拌均匀，盖上保鲜膜，置
于微波炉里加热3分钟左右。

尽享巧克力的温和甘甜
可可牛奶酱

食材●（约100ml份）

可可粉·····························1大匙
细砂糖·····························2大匙
鲜奶油·····························50ml

制作方法●

将可可粉和细砂糖在碗里混合，加
入2大匙热水，加入鲜奶油后搅拌均
匀即可。

制作花样 1 variation

温和香甜和炼乳搭配美味十足的抹茶打造和式口味

抹茶炼乳酱

食材●（约50ml份）

抹茶·······················1/2大匙

加糖炼乳〈参照P24〉··········50g

制作方法●

将抹茶粉加到碗里，一点一点加入炼乳并搅拌，直至将所有食材搅拌均匀。

酸酸的柠檬配上清爽的生姜，一种令人耳目一新的味道！

蜂蜜姜汁酱

食材●（约100ml份）

蜂蜜·······················80g

生姜汁······················1/2小匙

柠檬汁······················2大匙

制作方法●

将所有食材加入大碗，搅拌均匀即可。

简单装饰让奶酪蛋糕大变身!

不局限于普通形状,只需选用小巧模具就能制作出多种不同形状的花式蛋糕。
还可以将蛋糕放入透明杯子里,只需稍微冷冻,就能够营造出浪漫感觉,给您新鲜体验!
家中有客人拜访时,小露一手吧!

用可爱模具打造
迷你冻奶酪蛋糕

把做好的冻奶酪蛋糕用模具压一下,置于曲奇饼干上,
就能完成小巧可爱的迷你奶酪蛋糕!
需要用模具做小蛋糕的话,不要忘记制作面糊时相应增
加吉利丁片用量。

制作方法●

将基本冻奶酪蛋糕的吉利丁片
用量增加至6g(4片),模具
里无需垫上曲奇饼干直接制作
即可(参照P12~P14)。制作
时,请选择自己喜欢的模具,
压出的迷你奶酪蛋糕直接置于
曲奇饼干上即可。如果有薄荷
叶或者其它花式曲奇的话,还
可以放在上面装饰一下。

备忘录

请选用您喜爱花纹的模具。没有
合适模具时,还可以用小杯子或
者蔬菜切割器。

要点

将做好的面糊置于塑料
薄膜上,为方便之后能
够将蛋糕轻松从模具上
取下,使用之前要将模
具用热水温一下,热好
之后无需擦干直接压制
即可。

将曲奇摆放于小碟子
上,奶酪蛋糕用蘸水的
手指取出置于曲奇上。

用模具压制后剩余的蛋糕制作
美味小甜点

将打发后的鲜奶油置于盘子上,再放
上模具压制后剩余的奶酪蛋糕,最后
装饰上草莓或者薄荷叶等,就能做出
美味经典小甜点了。

意式点心风奶酪蛋糕

将基本的冻奶酪蛋糕面糊置于您喜爱的玻璃杯或者空瓶子里，只需冷却、凝固操作，就能完成时尚的美味甜点。

备忘录

巧克力曲奇

可可味曲奇饼干中加入了很多巧克力豆，柔软、湿润是这种饼干的最大特点。将这种饼干稍微弄碎，加到蛋糕里，口感很好，十分美味。

制作方法 ●

用冻奶酪蛋糕的食材制作蛋糕面糊（参照P12~P14）。选择一个您喜欢的容器，选择喜欢的曲奇饼干（这里我们选用美味的巧克力曲奇），掰碎后，加入蛋糕面糊。将装有蛋糕面糊的容器放入冰箱里冷却、凝固。最后，撒上适量可可粉即可。

茶点风奶酪蛋糕

制作方法 ●

用冻奶酪蛋糕的食材制作蛋糕面糊（参照P12~P14）。按照要点进行制作，做好的甜点直接放入冰箱冷藏室冷却、凝固。如果您喜欢的话，还可以添加曲奇薄饼和蓝莓装饰一下。

用保鲜膜代替茶巾，制作"茶巾绞"甜点。稍微用薄片曲奇装饰一下，就能制作出可爱的小兔奶酪蛋糕！这种甜点都做得很小，因此放入冰箱里凝固也很快，做好后很快就能够享用，这点是十分让人开心的！

要点

在小碗里铺上切好的一大块保鲜膜，向小碗里倒入做好的蛋糕面糊，倒至七分满即可。

将保鲜膜的边缘收拢到一起，捏住后，用橡皮筋扎起来。为防止扎好的甜点变形，将保鲜膜放回小碗里，直接将小碗放入冰箱冷藏室里冷却、凝固好即可。

在基本奶酪蛋糕中加入喜爱的各种食材
享受不同美味

在冻奶酪蛋糕的基础上，只需加入一些水果和果酱，就能打造外观、口味都令人耳目一新的花式奶酪蛋糕。
选用的食材不同，只需稍微变化用量，就能制作出很不一样的味道，请制作之前仔细阅读。

在基础食材中去掉酸奶，添加芒果

芒果风味冻奶酪蛋糕

橙黄的芒果色，看上去就令人食指大动！
这款奶酪蛋糕给人一种仿佛在食用
新鲜芒果一样的浓厚口感。

mango ice boxed cheese cake

在芒果中间部位留出约
1cm的厚度，避开芒果
核，用刀子横向切开，
去皮。

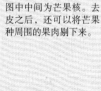

图中中间为芒果核。去
皮之后，还可以将芒果
种周围的果肉剔下来。

由于芒果中富含纤维，
您需要将处理好的果肉
用搅拌机打成泥状。如
果没有搅拌机，也可以
用菜刀将其切碎。

准备工作 ●

1 参照P12的准备工作1~5进行操作。
2 芒果去核、去皮，准备250g后打成泥状（参照要点），将柠檬汁与芒果泥混合均匀。剩余芒果肉还可以用于装饰。

制作方法 ●（详细步骤请参照P13~P15）

1 将奶油奶酪放入碗里，用打蛋器搅拌食材至变顺滑。先后加入细砂糖、芒果泥、鲜奶油，每加入一种食材都要搅拌均匀，再隔水加热，将其搅拌至光滑状。
2 在另一个小碗里加入白葡萄酒和吉利丁片，隔水加热将吉利丁片融开。将融开的吉利丁片加到1中，充分搅拌均匀。把搅拌好的食材倒入模具里，放入冰箱冷却、凝固。
3 将定型的蛋糕从模具中取出，放上装饰用的芒果肉，如果有的话，可以放上些许香草（这里选用香蜂花叶）。

食材 ●

（14cm×11cm方形模具1个份）

奶油奶酪 ·············· 200g
芒果 ················ 小号2个
柠檬汁 ··········· 2小匙~1大匙
细砂糖 ················ 50g
鲜奶油 ··············· 100ml
吉利丁片 ········· 7.5g（5片）
※如果芒果用量增加，吉利丁片用量也要相应增加。
白葡萄酒（如果有的话可以选用意大利苦杏仁酒或者水） ·· 2小匙
任意喜爱的方形曲奇 ····· 4片左右

制作花样 **3** variation

在基础食材中去掉酸奶，添加香蕉

香蕉风味冻奶酪蛋糕

只需尝上一口，
香蕉的温和甘甜就会在口中蔓延……
与口味浓郁的奶油奶酪搭配，
美味会更加出众！

食材 ●

（14cm×11cm方形模具1个份）

奶油奶酪……………………… 200g
香蕉………………………… 小号2根
柠檬汁………………… 2小匙~1大匙
细砂糖…………………………… 50g
鲜奶油………………………… 100ml
吉利丁片………………… 6g（4片）
※如果香蕉用量增加，吉利丁片用量也要相应增加。
白葡萄酒（如果有的话可以选用意大利苦杏仁酒或者水）… 1大匙
任意喜爱的方形曲奇…… 4片左右

准备工作 ●

1 参照P14的准备工作1~5进行操作。
2 香蕉去皮，准备250g，切成适当大小后放入耐热容器里，与柠檬汁搅拌均匀后，用叉子碾碎。处理好后，将容器放入微波炉里加热3分钟左右，再搅拌均匀。

制作方法 ●（详细步骤请参照P13~P15）

1 将奶油奶酪放入碗里，用打蛋器充分搅拌至食材变顺滑。先后加入细砂糖、香蕉泥、鲜奶油，每加入一种食材都要搅拌均匀，再隔水加热，将其搅拌至光滑状。
2 在另一个小碗里加入白葡萄酒和吉利丁片，隔水加热将吉利丁片融开。将融开的吉利丁片加到1中，充分搅拌均匀。把搅拌好的食材倒入模具里，放入冰箱冷却、凝固。
3 将定型的蛋糕从模具中取出，切成适当大小。您还可以在100ml鲜奶油中加入1大匙细砂糖，打发后浇到蛋糕上，最后再浇上适量巧克力酱稍作装饰。

banana ice boxed cheese cake

要点

为防止香蕉变色，需要加入少许柠檬汁，为方便之后的搅拌操作，在加热之前需要将香蕉捣成泥状。

除基础食材外，添加抹茶、蜜豆

抹茶蜜豆风味奶酪蛋糕

在基础搭配的基础上添加抹茶、蜜豆，
打造富有和式风味的甜美口感。
微苦的抹茶味与爽滑的奶油奶酪，
大胆的搭配方式带来令人惊喜的美味。

green tea & sugar-glazed azuki beans
ice boxed cheese cake

食材 ●

（14cm×11cm方形模具1个份）

奶油奶酪	200g
细砂糖	50g
原味酸奶	100g
柠檬汁	2小匙~1大匙
鲜奶油	100ml
吉利丁片	4.5g（3片）
白葡萄酒（或者水）	1大匙
海绵蛋糕	适量
抹茶	2大匙
蜜豆	50~60g

准备工作 ●

1 参照P12的准备工作1~5进行操作。
2 将蛋糕切成5mm厚的薄片，垫在模具底部。
3 将抹茶粉用2大匙热水溶开，搅拌均匀。
4 将蜜豆稍微用水洗一下，去除表面的砂糖，沥干水分，撒在模具中铺好的蛋糕上。

制作方法 ●（详细的请参照P13~P15）

1 将奶油奶酪放入碗里，用打蛋器充分搅拌至食材变顺滑。先后加入细砂糖、抹茶粉、酸奶、柠檬汁、鲜奶油，每加入一种食材都要搅拌均匀，再隔水加热，将其搅拌至光滑状。
2 在另一个小碗里加入白葡萄酒和吉利丁片，隔水加热将吉利丁片融开。将融开的吉利丁片加到1中，充分搅拌均匀。把搅拌好的食材倒入模具里，冷却、凝固。
3 将定型的蛋糕从模具中取出，切成适当大小。

要点

抹茶不易用水泡开，因此想要用热水将其充分溶解，需要花费一些时间。

plus one

除基础食材外，添加蓝莓果酱

蓝莓风味奶酪蛋糕

用蓝莓果酱的酸甜爽口，
打造一款别样的水果风味蛋糕。

食材●
（14cm×11cm方形模具1个份）

奶油奶酪·····················200g
蓝莓果酱·····················80g
细砂糖·······················50g
原味酸奶·····················100g
柠檬汁···············2小匙~1大匙
鲜奶油·······················100ml
吉利丁片··············6g（4片）
※如果果酱用量增加，吉利丁片用量也要相应增加。
白葡萄酒（如果有的话可以选用意大利苦杏仁酒或者水）··1大匙
任意喜爱的方形曲奇······4片左右

准备工作●
参照P12的准备工作1~5进行操作。

blueberry ice boxed cheese cake

制作方法●（详细请参照P13~P15）

1 将奶油奶酪放入碗里，用打蛋器充分搅拌至食材变顺滑。先后加入细砂糖、酸奶、柠檬汁、蓝莓果酱、鲜奶油，每加入一种食材都要搅拌均匀，再隔水加热，将其搅拌至光滑状。

2 在另一个小碗里加入白葡萄酒和吉利丁片，隔水加热将吉利丁片融开。将融开的吉利丁片加到1中，充分搅拌均匀。把搅拌好的食材倒入模具里，冷却、凝固。

3 将定型的蛋糕从模具中取出，切成适当大小。喜欢的话，您还可以加上打发好的奶油，浇上些蓝莓果酱装饰一下。

巧克力风味奶酪蛋糕

将巧克力切成小块，混到蛋糕里，味道十分独特、富有新意！
从未体验过的美味，让你忍不住想多吃几块。

除基础食材外，添加切碎的巧克力

chocolate ice boxed cheese cake

准备工作●
1 参照P12的准备工作1~5进行操作。
2 将巧克力用刀切碎。

食材●
（14cm×11cm方形模具1个份）

奶油奶酪·····················200g
喜爱的板状巧克力······1片（70g）
※尽量选用黑巧克力，味道会更香醇。
细砂糖·······················50g
原味酸奶·····················100g
柠檬汁···············2小匙~1大匙
鲜奶油·······················100ml
吉利丁片··············4.5g（3片）
白葡萄酒（如果有的话可以选用巧克力利口酒或者水）··1大匙
任意喜爱的方形曲奇······4片左右

制作方法●（详细请参照P13~P15）

1 将奶油奶酪放入碗里，用打蛋器充分搅拌至食材变顺滑。先后加入细砂糖、酸奶、柠檬汁、鲜奶油，每加入一种食材都要搅拌均匀，再隔水加热，将其搅拌至光滑状。加入切碎的巧克力后将各种食材搅拌均匀。

2 在另一个小碗里加入白葡萄酒和吉利丁片，隔水加热将吉利丁片融开。将融开的吉利丁片加到1中，充分搅拌均匀。把搅拌好的食材倒入模具里，冷却、凝固。

3 将定型的蛋糕从模具中取出，切成适当大小。

要点

在砧板上垫一张厚纸，将巧克力置于厚纸上再切割，这样既不会弄脏砧板，也方便将切好的巧克力移到容器里。由于巧克力质地较硬，进行切割时，要从上面按压刀片将其切碎。

应用篇

乐在其中！
8款冻奶酪蛋糕

只需将基础食材稍加变换，就能做出不同风格的口味。
加入打发后的蛋白，能制造出蓬松的口感，马上又变身另一种美味。
色彩鲜艳、娇艳欲滴，看上去就令人垂涎三尺、欲罢不能！

食材●（直径15cm的活底圆形模具1个份）

〈奶酪蛋糕〉

奶油奶酪	200g
加糖炼乳	140g
吉利丁片	3g（2片）
白葡萄酒（或者水）	1大匙
任意喜爱的曲奇饼干	40g
无盐黄油	20g

〈草莓果冻〉

草莓	150g
细砂糖	50g
柠檬汁	1大匙
白葡萄酒（如果有的话可以选用	
黑醋栗果酒或者水）	1大匙
吉利丁片	3g（2片）

准备工作●（详细操作请参照P12）

1. 草莓去蒂，对切开，撒上细砂糖后放置30分钟。
2. 将需要的各种食材称量好备用。
3. 在模具底部铺上一层烤箱用垫纸。
4. 将黄油置于耐热容器里，放入微波炉中加热30秒融化。把化开的黄油与弄碎的曲奇饼干混合后铺在模具底部，放入冰箱里（参照P15）。
5. 将面糊中会用到的吉利丁片置于温水中泡开。
6. 将奶油奶酪切成8~10等分，用保鲜膜包裹起来，放入微波炉中加热40秒左右，再用手揉开。
7. 在隔水加热（参照P8）用的小锅里加入清水，煮沸。

制作方法●

（详细操作请参照P13~P14）

1. 制作面糊。将奶油奶酪放入碗里，用打蛋器充分搅拌至食材变顺滑。
2. 一次性加入炼乳，搅拌至食材变顺滑。
3. 对2中食材进行隔水加热，用打蛋器搅拌均匀。加热至容器边缘的面糊变软之后，可将容器从锅上移开，把食材搅拌均匀。
4. 查看食材的状态，有需要时，还可以继续进行隔水加热，直至面糊达到较为松软的状态，所有食材搅拌均匀为止。
5. 在另一个小碗里加入白葡萄酒，一片一片加入沥干水分的吉利丁片，隔水加热将吉利丁片融开。
6. 将5中食材倒入4中，用切拌的手法从底部慢慢抄起，将各种食材搅拌均匀。
7. 将搅拌好的面糊倒入模具里，表面摊平后，用保鲜膜裹上，放入冰箱冷藏室冷藏15分钟左右。
8. 将用于制作草莓果冻的吉利丁片置于温水中浸泡备用。参照"草莓果冻的制作方法"制作果冻。
9. 将7中冻好的奶酪蛋糕从冰箱中取出，将做好的草莓果冻放在上面，将蛋糕继续放回冰箱冷藏2小时以上。
10. 用热毛巾围住蛋糕模具边缘将模具捂热，把蛋糕从模具中取出即可（参照P25的方法）。

备忘录

加糖炼乳

炼乳是将蔗糖加到牛奶里，浓缩制成的。富有黏性、具有特别的甘甜香味和爽滑的口感是其主要特点。

草莓果冻的制作方法

将切好的草莓放入锅里，撒上适量细砂糖后放置一会儿。加入柠檬汁、1/4杯水，开中火，边加热边用橡胶铲搅拌均匀。大约煮制1分钟，待细砂糖彻底化开后，将锅从火上移开。加入白葡萄酒后搅拌均匀。

将制作方法8中的吉利丁片取出，沥干水分，1片1片加入锅里。

将锅子底部浸入冷水中，用橡胶铲慢慢搅拌，增加食材的浓稠度。

用汤匙将草莓取出置于蛋糕底上，红色部位向上，最后倒入剩下的果冻液。用汤匙去除果冻液上面的气泡，完成草莓果冻的制作。

草莓果冻奶酪蛋糕

strawberry jelly ice boxed cheese cake

在温和甘甜的炼乳蛋糕底上，
装点上酸甜可口鲜红的草莓果冻，
制作出富有少女情怀的可爱甜点，
从外观到口味，都令你无比陶醉。

取出蛋糕的方法

1

将干净抹布放入热水
里，为防止烫伤，用筷
子捞起，拧干水分。

2

将拧干水分的热毛
巾缠在容器周围，
大约热5秒钟左右，
从底部将蛋糕轻轻
托出来即可。

25

蛋奶冻风味奶酪蛋糕

custard flavor ice boxed cheese cake

在常用食材的基础上添加牛奶和蛋黄，打造富有浓郁蛋黄风味的奶酪蛋糕。
香醇、爽滑的奶酪蛋糕，
加上具有香脆口感的装饰，是绝妙的搭配！

食材● （直径15cm的活底圆形模具1个份）

奶油奶酪……………………… 200g
柠檬汁………………………… 2小匙
蛋黄…………………………… 1个
细砂糖………………………… 50g
牛奶…………………………… 50ml
鲜奶油………………………… 150ml
吉利丁片………………… 4.5g（3片）
白葡萄酒（如果有的话可以选用
意大利苦杏仁酒或者水）… 1大匙
〈糖衣糙米片〉
糙米片………………………… 30g
细砂糖………………………… 30g
无盐黄油……………………… 5g

备忘录

糙米片

玉米片一般较薄，容易破碎，因此这里建议您选用较为厚实的糙米片和麦片。如果实在买不到糙米片的话，也可以用玉米片代替。

准备工作● （详细操作请参照P12）

1 将需要的各种食材称量好备用。牛奶放入耐热容器里。

2 在模具底部铺上一层烤箱用垫纸。

3 将吉利丁片置于温水中泡开。

4 将奶油奶酪切成8~10等分，用保鲜膜包裹起来，放入微波炉中加热40秒左右，再用手揉开。

5 在隔水加热（参照P8）用的小锅里加入清水，煮沸。

制作方法● （详细操作请参照P13~P14）

1 将奶油奶酪放入碗里，用打蛋器充分搅拌至食材变顺滑。

2 加入柠檬汁，搅拌至食材变顺滑。

3 将蛋黄加入另一个小碗里，搅开，将细砂糖一点点加入后，用打蛋器搅拌均匀。

4 将装有牛奶的耐热容器置于微波炉里加热，约1分钟，热至牛奶冒泡即可。将热好的牛奶一次性加到3里，用打蛋器迅速搅拌均匀。

5 将4中搅拌好的食材一点点加到2里，搅拌至食材变顺滑即可。

6 将食材搅拌均匀后，加入鲜奶油充分搅拌均匀。

7 在一个小碗里加入白葡萄酒，一片一片加入沥干水分的吉利丁片，隔水加热，将吉利丁片化开。

8 将7中化开的吉利丁片倒入6中，用切拌的手法从底部抄起食材，充分搅拌均匀。

9 将搅拌好的食材倒入模具里，表面摊平后，裹上保鲜膜，放入冰箱冷冻室冷藏2小时以上，使蛋糕充分冷却、凝固。

10 参照P27"糖衣糙米片的制作方法"，制作糙米片。

11 将9中冷却后的模具从冰箱中取出，放入温水中稍微温一下。将盘子盖到模具上，再把模具整个倒过来，上下晃动，使蛋糕直接掉落在盘子上。最后撒上些10中做好的糖衣糙米片，再装饰上薄荷叶即可。

要点

加入微沸后的牛奶，用打蛋器搅拌至食材变白，稍显浓稠为止。将蛋黄稍微加热之后，能够去除蛋黄的腥味，制作出较为纯正的蛋黄味甜点，增加食材的浓厚香味。

在奶油奶酪中加入液体食材时，由于其浓度有差异，不能够一次性加入，需要一点点搅拌均匀后再加入，直至最终搅拌均匀。

糖衣糙米片的制作方法

1

将细砂糖加到小平底锅里，用中火加热，为防止细砂糖变焦，加热过程中要不断晃动平底锅。加热至细砂糖呈淡黄色后，加入准备好的糙米片。

2

用木铲轻轻搅动糙米片，使糖衣裹在糙米片上面，搅拌过程中动作要轻，防止将糙米片弄碎。加入黄油，使化开的黄油裹在糙米片上，稍微加热一会儿，将做好的糖衣糙米片放到平底盘里备用。

提拉米苏

Tiramisu

口味温和浓郁的马斯卡彭奶酪，搭配上稍带苦味的咖啡和可可粉，
绝妙的搭配，让你百吃不厌！
相信这款蛋糕一定是你馈赠亲友的不二选择。

食材●（容量为700ml的容器1个份）

马斯卡彭奶酪（参照P2）… 150g
鲜奶油……………………… 50ml

A ┌ 蛋黄 ……………………… 1个
　│ 细砂糖 …………………… 30g
　└ 白葡萄酒 ………………… 1大匙

B ┌ 蛋白 ……………………… 1个
　└ 细砂糖 …………………… 10g

吉利丁片………………1.5g（1片）
手指饼干………………… 约10根
可可粉…………………… 适量

〈咖啡果子露〉
速溶咖啡………………… 3大匙
细砂糖…………………… 2大匙
热水……………………2.5大匙
可可利口酒（参照P47）… 1/2大匙

用汤匙将果子露均匀地浇在手指饼干上，使其充分渗入，令饼干变得湿润、柔软。

蛋白要充分打发，使用时用铲子挑起能够有棱角即可。这是制作出具有蓬松口感蛋糕的制胜法宝。

准备工作●（详细操作请参照P12）

1 将需要的各种食材称量好备用。

2 将吉利丁片置于温水中泡开。

3 将手指饼干铺在容器底部。

4 在用于隔水加热的小锅（参照P8）里加入清水，煮沸后备用。

制作方法●（详细操作请参照P13~P14）

1 将用于制作咖啡果子露的食材放入容器里，充分搅拌至细砂糖融化。把做好的果子露用汤匙均匀地浇到手指饼干上。

2 把马斯卡彭奶酪放入碗里，用汤匙按压至变软。

3 将A中的蛋黄置于较大的不锈钢盆里，用打蛋器打碎，加入细砂糖，搅拌均匀。再加入白葡萄酒，搅拌均匀。隔水加热，搅拌至食材变白、变浓稠，加入沥干水分的吉利丁片，将吉利丁片化开。

4 将不锈钢盆从锅上移开，将2中处理好的奶酪分2~3次加入容器，充分搅拌至食材变软、变光滑。接着加入鲜奶油，充分搅拌均匀。

5 将B中的蛋白和细砂糖加到另一个容器里，用手持式搅拌机进行搅拌、打发，制作蛋白霜（参照左下图）。将做好的蛋白霜分2~3次加到4中，用打蛋器从底部开始向上捞，将食材充分搅拌均匀。

6 将5中搅拌好的食材倒在1中手指饼的上面。将食材表面摊平后，盖上保鲜膜，放入冰箱冷藏2小时以上，使蛋糕得到充分的冷却、凝固。食用之前，将可可粉放到茶漏里，撒到蛋糕上面。

备忘录

手指饼干

一种细长、具有酥脆口感的饼干。饼干中带有很多气泡，果子露能够很快渗到里面。烘焙专用店或者大型超市里一般都能买到。

可可粉

从可可豆中去除部分可可脂后得到的粉末状食材。制作蛋糕时，请一定要选择无糖可可粉。

29

蓝芝士红酒奶酪蛋糕

blue cheese & wine ice loved cheese cake

蓝芝士的独特风味为奶酪蛋糕增添了不一样的感觉。
红酒的加入，使整款蛋糕显示出成熟气质。
浇上美味可口的果子露，尽情享受美味吧！

食材●（容量为100ml的容器 6个份）

奶油奶酪	100g
蓝芝士（参照P5）	50g
蜂蜜	40g
柠檬汁	1/2大匙
鲜奶油	100ml
白葡萄酒	2大匙
吉利丁片	3g（2片）

〈浆果果子露〉

混合浆果干	30g
白葡萄酒	3大匙
细砂糖	1大匙

准备工作●（详细操作请参照P12）

1 将需要的各种食材称量好备用。

2 将吉利丁片置于水中泡开。

3 将奶油奶酪切成4~6等分，用保鲜膜包裹起来，放入微波炉中加热30秒左右，再用手揉开。蓝芝士也按照同样的方法置于微波炉中加热30秒左右。

4 在用于隔水加热（参照P8）的小锅里加入清水，煮沸。

制作方法●（详细操作请参照P13~P14）

1 将处理好的奶油奶酪和蓝芝士加入碗里，用打蛋器搅拌至奶酪变蓬松，先后加入蜂蜜、柠檬汁，每加入一种食材都要搅拌至食材均匀并变光滑。

2 继续加入鲜奶油搅拌均匀。

3 将白葡萄酒加入另一个小碗里，一片一片加入沥干水分的吉利丁片，隔水加热，将吉利丁片化开。

4 将3中化开的吉利丁片倒入2中，从底部抄起食材，将各种食材充分搅拌均匀。

5 将搅拌好的食材倒入容器里，表面摊平之后，盖上保鲜膜，将容器置于冰箱中冷藏2小时以上。

6 制作浆果果子露（参照右图），将做好的果子露浇到5中蛋糕上面即可。

将用于制作浆果果子露的全部食材倒入耐热容器里，稍微搅拌一下，盖上保鲜膜，将容器放入微波炉中加热1分钟左右。待果子露稍微冷却之后，置于冰箱冷藏室保存。

由于蓝芝士没有去皮直接加入到食材里，因此搅拌奶酪时，要对奶酪进行充分醒发，直至将其搅拌至光滑。

备忘录

混合浆果干

由颜色鲜红、带有酸味的蔓越莓干、粒小甘甜的蓝莓干和黑莓干一起混合而成。如果很难买到，您还可以选择自己喜欢的干果代替。

白巧克力慕斯奶酪蛋糕

white chocolate mousse cheese cake

加入蛋白霜的慕斯蛋糕，口感蓬松、入口即化，
能够让人充分体会出白巧克力的甘甜口感。
清爽香甜的果酱，营造出温和的口感，让你沉浸在自己制造的美味之中……

食材●（直径15cm的活底圆形模具1个份）

白巧克力	100g
奶油奶酪	150g
蛋黄	1个
柠檬汁	2大匙
鲜奶油	100ml
蛋白	2个
细砂糖	20g
吉利丁片	3g（2片）
可安多乐酒（或者水）	1大匙
任意喜爱的曲奇饼干	40g
无盐黄油	20g

〈酸果酱〉

酸果酱	50g
柠檬汁	1大匙
可安多乐酒	1大匙
水	1大匙

※可安多乐酒是指带有橘子风味的利口酒。也可以选用朗姆酒或者白葡萄酒。

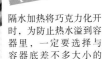

隔水加热将巧克力化开时，为防止热水溢到容器里，一定要选择与容器底差不多大小的小锅进行相关操作。

蛋白霜要分2次加入，加入的时候为防止消泡，用橡胶铲慢慢搅拌至各种食材变光滑。

准备工作●（详细操作请参照P12）

1 将需要的各种食材称量好备用。
2 将巧克力切碎备用（参照P23）。
3 在模具底部铺上一层烤箱用垫纸。
4 将黄油置于耐热容器里，放入微波炉中加热30秒左右融化，将融化的黄油与弄碎的曲奇混合后铺到模具底部，将模具放入冰箱冷藏室（参照P15）。
5 将吉利丁片置于温水中泡开。
6 将奶油奶酪切成4~6等分，用保鲜膜包裹起来，放入微波炉中加热30秒左右，再用手揉开。
7 在用于隔水加热（参照P8）的小锅里加入清水，煮沸。

制作方法●（详细操作请参照P13~P14）

1 将切好的巧克力碎放入碗里，隔水加热，用橡胶铲搅拌使其化开。
2 待巧克力完全化开后，将容器从锅上移开，加入奶油奶酪，用打蛋器搅拌至顺滑。
3 依次加入蛋黄、柠檬汁，将食材搅拌至光滑状。
4 在一个干净容器中倒入可安多乐酒，一片一片加入沥干水分的吉利丁片，隔水加热，将吉利丁片化开。
5 将4中化开的吉利丁片加到3中，从底部抄起食材，将各种食材充分搅拌均匀。
6 在一个干净容器中倒入鲜奶油，用打蛋器搅拌至奶油变蓬松，加入5中食材后，将各种食材搅拌至顺滑。
7 将蛋白和细砂糖加到另一个容器里，用手持式搅拌机进行搅拌，制作蛋白霜（参照P63）。将做好的蛋白霜分2次加到6中，用橡胶铲搅拌均匀。
8 将7中搅拌好的食材倒入模具里，把表面摊平后，裹上保鲜膜，放入冰箱冷藏室冷藏2小时以上。
9 将用于制作酸果酱的全部食材倒入干净容器里，搅拌至食材变光滑后，将酸果酱放入冰箱里冷藏。
10 用热毛巾包裹模具周围5~10秒，轻轻按动模具的底部，将蛋糕从模具中取出（参照P25的方法）。将取出的蛋糕置于盘子上，浇上酱汁，完成。

备忘录

白巧克力

不含可可块，将可可粉、细砂糖和奶粉混合到一起制成的白色巧克力。这种巧克力不是专门用于甜点制作的类型，选用市售的板状巧克力即可。

焦糖风味奶酪蛋糕

crème brulle cheese cake

在奶酪蛋糕的基础上添加甘甜的香草,
奶油奶酪的加入,为整款蛋糕增加浓醇的香味。
本款蛋糕不添加吉利丁片,入口即化的口感妙不可言!
烤制的时候将颜色稍微烤深一点,就能打造出纯正的焦糖风味了!

食材●(容量为100ml的容器4个份)

奶油奶酪	150g
香草荚	5cm长
牛奶	200ml
蛋黄	2个份
细砂糖	50g
土豆淀粉	15g
鲜奶油	50ml
糖粉	适量

备忘录

香草荚
一种用香草果实发酵后制成的天然香料,以其独特的香味为主要特点。一般的甜点食材专卖店都有出售,没有的话用香草精代替亦可。

准备工作●(详细操作请参照P12)

1 将需要的各种食材称量好备用。

2 将奶油奶酪切成6~8等分,用保鲜膜包裹起来,放入微波炉中加热30秒左右,再用手揉开。

制作方法●(详细操作请参照P13~P14)

1 将牛奶、香草荚和刮出的香草籽放入耐热容器里,置于微波炉中加热40秒钟。

2 将蛋黄加到碗里打散,加入细砂糖,搅拌至细砂糖融化,蛋液变光滑。

3 将土豆淀粉加到2里,搅拌均匀,加入1中热好的牛奶,搅拌均匀。

4 将3中食材过滤后加入锅里,用文火加热,加热过程中要不断用橡胶铲搅拌。

5 搅拌至食材有光泽、变黏稠之后,将锅从火上移开,加入鲜奶油和奶油奶酪,搅拌至全部食材均匀顺滑。

6 将搅拌好的食材倒入容器里,裹上保鲜膜,置于冰箱中冷藏。

7 待蛋糕充分冷却后,撒上糖粉,用烤热的刀片或者喷火枪将蛋糕表面烤制出颜色,待细砂糖变色之后,将容器重新放回冰箱里冷藏15分钟左右就可以直接食用了。

要点

先将香草荚从中间纵向剖开,用刀背将香草籽刮出即可。

加热食材时,锅边和锅底的食材容易变愠,加热时应该充分搅拌食材。此步骤如果加热不充分,食用起来会有粉末,缺乏黏稠感。

将做好的蛋糕置于冰箱中冷却时,为防止食材与空气接触后表面变干燥,需要用保鲜膜密封起来。

柚子奶酪慕斯

yuzu mousse cheese cake

爽滑的奶油奶酪，沁入柚子的独特风味，
淡淡的酸味和清爽的香味，吃上一口就会让你难以忘怀。

食材●（4个份）

奶油奶酪······················ 200g
柚子···························· 2个
细砂糖·························· 30g
吉利丁片······················ 3g（2片）
白葡萄酒（或水）·············· 1大匙
A ┌鮮奶油····················· 100ml
  └细砂糖····················· 20g

准备工作●（详细操作请参照P12）

1 将需要的各种食材称量好备用。

2 将吉利丁片置于温水中泡开。

3 将奶油奶酪切成8~10等分，用保鲜膜包裹起来，放入微波炉中加热40秒左右，再用手揉开。

4 取一个柚子，将柚子表皮的金黄色部位磨碎。准备2~3大匙柚子汁备用。您还可以将柚子皮（仅黄色部位）切成细丝，用于装饰。

5 在用于隔水加热（参照P8）的小锅里加入清水，煮沸。

制作方法●（详细操作请参照P13~P14）

1 将奶油奶酪放入碗里，用打蛋器充分搅拌至食材变顺滑。

2 按顺序依次加入细砂糖、柚子汁、柚子皮碎屑等食材，每加入一种食材都要搅拌均匀。

3 取一个干净的小碗，加入适量白葡萄酒，加入沥干水分的吉利丁片，隔水加热，将吉利丁片化开。

4 将3中化开的吉利丁片加到2中，从底部抄起食材，将各种食材充分搅拌均匀。

5 将A中全部食材放入一个干净的碗里，用打蛋器打发，搅拌好后，加入4中，用橡胶铲将食材搅拌至蓬松状。

6 将食材倒入容器，放入冰箱中冷却、凝固。待食材充分凝固之后，放上切好的柚子皮装饰即可。

备忘录

柚子

一年之中均有销售，但其最佳食用季节为12月。根据喜好也可以用柠檬代替。

要点

打发鲜奶油时，要充分搅拌，混入充足的空气，挑起奶油，能有较为明显的蓬松感。搅拌至奶油开始变稠时，要继续进行搅拌，防止食材水油分离。

食材●（直径15cm的活底圆形模具
1个份）

农家奶酪（参照P4）……200g

豆奶……………………150ml

蜂蜜……………………70g

蛋黄……………………1个份

柠檬汁…………………2大匙

吉利丁片………………4.5g（3片）

白葡萄酒（或水）………… 1大匙

任意喜爱的曲奇饼干……适量

准备工作●（详细操作请参照P12）

1将需要的各种食材称量好备用。

2将吉利丁片置于温水中泡开。

3在模具底部铺上烤箱用垫纸，摆上曲
奇饼干。

4在用于隔水加热（参照P8）的小锅里
加入清水，煮沸。

制作方法●（详细请参照P13~P14）

1将农家奶酪、蜂蜜、豆奶、蛋黄混合
到一起，隔水加热，边加热边搅拌，
加热至食材接近体温时，加入柠檬汁
搅拌均匀。

2取一个小碗，加入适量白葡萄酒，加入
沥干水分的吉利丁片，隔水加热，将吉
利丁片化开。

3将2中化开的吉利丁片倒入1中，从容
器底部抄起食材，将各种食材充分搅
拌均匀。

4将搅拌好的食材倒入模具里，摊平表
面，放入冰箱里冷藏2小时以上，冷
却、凝固。

5用热毛巾包裹模具周围5~10秒钟，轻轻按
动模具底部将蛋糕从模具中取出（请参照
P25的方法）。最后，装饰上蓝莓或者薄
荷叶即可。

豆奶

一种将大豆浸泡于水中，待大豆
泡软之后，加水煮制，去除豆渣
后的大豆加工品。进行甜点制作
时，建议您选择无糖无水勾兑的
类型。

结合模具的形状，将曲
奇饼干切好摆放于模具
底部。由于这是一款味
道较为清淡的奶酪蛋
糕，建议您选用黄油风
味较强的曲奇饼干。

豆奶温度过高时，容易
与其他食材分离，因此
采用隔水加热的方法，
使其温度不会太高。

农家奶酪和豆奶蜂蜜奶酪蛋糕

cottage cheese & soymilk & honey ice boxed cheese cake

本款蛋糕选用比奶油奶酪热量更低的农家奶酪
以及更加符合健康理念的豆奶，充分迎合广大爱美女性的需求。
味道清淡，独特的大豆甘甜味道，也深受男性的喜爱。

part 2

基础烘焙型奶酪蛋糕
&变化花式

P42　P43　P44　P45　P46　P47　P48

湿润爽滑的蛋糕面糊里

弥漫着醇厚的奶酪香，

在烘烤中，美味蔓延开来，

这就是烘焙型奶酪蛋糕！

如此美味，

制作起来却十分简单！

简单到只需在一个容器里将食材搅拌均匀直接烤制即可，

没有想到吧？

烤制过程中，

烤箱里就有诱人的香味飘出，

令制作过程也幸福满满！

让我们从基础学起，

不断尝试各种变化形式吧！

➡P50   ➡P52   P54   ➡P55   P57   P58   ➡P60

基础烘焙型奶酪蛋糕
baked cheese cake

只需一个容器，将各种食材按顺序依次加入，搅拌均匀，倒入模具中，再放入烤箱中烤制即可。烘焙型蛋糕的制作方法如此简单，没有想到吧？
将烤好的蛋糕置于冰箱中充分冷却后再食用，口味更佳。

掌握基本制作方法之后，
只需增加一些食材，
就能变换出各种花式！

食材 ●（ 直径15cm的圆形模具1个份 ）

奶油奶酪	200g
鲜奶油	100ml
细砂糖	70g
柠檬皮（有机，不加亦可）	1/2个
柠檬汁	1大匙
鸡蛋	1个
低筋面粉	2大匙（16g）
土豆淀粉	1大匙（9g）
任意喜爱的曲奇饼干	40g
无盐黄油	20g

● 准备工作

1 将各种食材称量备用。

2 准备好所需模具。

★ 活底圆形模具
在模具内抹上薄薄一层黄油（分量外），撒上适量低筋面粉（本书中多采用这种模具）。

★ 固底圆形模具
在模具内抹上薄薄一层黄油（分量外）。结合模具底部大小切一块适当大小的烤箱用垫纸，铺在模具底部，侧面垫纸要比模具高出1cm左右。铺好后，将搅拌好的面糊倒入即可。

3 把曲奇碎屑铺在模具底部。

将黄油放入耐热容器里，在微波炉（600W）中加热30秒左右，将充分融化的黄油，与曲奇碎屑混合，搅拌后铺在模具底部，在制作蛋糕面糊的过程中，将模具放入冰箱冷藏室里冷却（参照P15）。

4 奶油奶酪软化
把奶油奶酪切成8~10等分，用保鲜膜包裹起来，放入微波炉中加热40秒左右。用手指轻轻按压奶酪，以能够留下指痕的柔软度为宜。为方便之后的搅拌操作，可事先将裹在保鲜膜里的奶酪用手揉碎（参照P12）。

5 准备好柠檬

将柠檬表面黄色的果皮磨碎，榨取适量柠檬汁。

要点

柠檬皮中白色部分味道较苦，磨果皮的时候要尽量防止磨到。如果买不到有机柠檬，不加柠檬皮亦可。

6 将烤箱预热到170℃。

40

★将各种食材按顺序加入　　　　★倒入模具中进行烤制

1
将奶油奶酪加到碗里，用打蛋器充分搅拌至奶酪光滑柔顺，加入细砂糖后搅拌均匀。

检查！

在将面糊倒入模具之前，要用橡胶铲将钢盆周围粘着的面糊刮下来，与面糊混合均匀。

1
从蛋糕侧面放入长刀或者抹刀，将蛋糕边缘与模具侧面分开。

要点

如果做好的蛋糕较软、易碎，一定要将蛋糕充分冷却后再取出。

2
加入柠檬皮和柠檬汁，充分搅拌均匀。

6
从冰箱中取出冷却好的模具，用橡胶铲将搅拌好的面糊倒入模具里。

2
轻轻按压模具底部，将蛋糕从模具中取出。选用一体式模具时，可以直接提起垫纸将蛋糕取出。

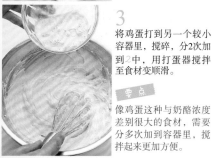

3
将鸡蛋打到另一个较小容器里，搅碎，分2次加到2中，用打蛋器搅拌至食材变顺滑。

要点

像鸡蛋这种与奶酪浓度差别很大的食材，需要分多次加到容器里，搅拌起来更加方便。

7
轻轻晃动模具，使面糊表面平整。整理好的模具放入预热好的烤箱里，烤制40~50分钟。

要点

烤制过程中，面糊中间鼓起即表明面糊中间也已充分烤透。如果担心烤制过程中面糊表面会被烤焦，可以事先盖上锡箔纸，烤至面糊中间隆起为止。

3
轻轻按压模具底部，借助抹刀将蛋糕从模具上取下。选用一体式模具时，把蛋糕底部的垫纸慢慢撕下即可。

●切蛋糕的方法 --------------

4
将鲜奶油一次性加到容器里，搅拌至食材呈光滑状。

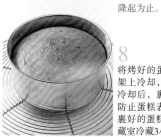

8
将烤好的蛋糕置于冷却架上冷却，待蛋糕彻底冷却后，裹上保鲜膜，防止蛋糕表面变干，将裹好的蛋糕置于冰箱冷藏室冷藏3小时以上。

将刀子在热水里浸一下，稍微残留一些水分，将刀子垂直切入，慢慢向上移动，将蛋糕分开。切蛋糕时，一定要先将刀子放入热水里浸一下，再进行切割。

5
将低筋面粉和土豆淀粉混合，用筛子筛到容器里，搅拌均匀。

要点

土豆淀粉具有淡化口感、使面糊更加湿润的作用。加入之后，一定要充分搅拌，直至干粉消失。

稍微变换形状，给人耳目一新的感觉！

有时只需稍微变换模具类型，选用磅蛋糕模具或者铝制模具，
就能赋予朴素的奶酪蛋糕以不同的变化！

烘焙型奶酪磅蛋糕

要在侧面也垫上曲奇饼干碎，只需向磅蛋糕模
具（18cm×8cm×6.5cm）中倒入做好的面
糊，稍微烤制，就能改变风格，制作出具有不
同感觉的美味蛋糕！

制作方法 ●

1. 用基础烘焙型奶酪蛋糕的食材制作蛋糕面糊（参照
   P40~P41）。向准备好的模具（参照下图）里倒入搅
   拌好的面糊，将模具放入预热至170℃的烤箱里，烤
   制40~50分钟即可。

2. 将烤好的蛋糕置于冷却架上冷却。冷却后的蛋糕裹
   上保鲜膜后，置于冰箱里冷藏3小时以上。脱模
   时，提起烤箱用纸，将蛋糕从模具中取出。

准备好模具

在模具内涂抹薄薄一层
黄油，撒上适量低筋面
粉。为方便将烤好的蛋
糕从模具中取出，切割
一块长40cm的烤箱用垫
纸，在模具内铺好。铺
的时候，两端留出约5cm
长的纸边。

铺上曲奇饼干碎

1. 将40g无盐黄油放入微波
   炉中加热1分钟左右融
   化。将化开的黄油与任
   意喜爱的曲奇饼干80g混
   合到一起，制作曲奇饼
   干碎（参照P15）。

2. 将蛋糕模具侧面向下放
   置，在离模具边缘1cm处
   铺上一层饼干碎，用手压
   实，防止饼干掉落下来。

3. 最后，将剩余的曲奇碎屑
   铺于模具底部，轻轻将饼
   干碎整理平整之后，将模
   具放入冰箱里冷藏，直至
   做好蛋糕面糊。

※如果选用圆形模具，
想要在模具边缘铺上曲
奇面糊，以上的用量也
足够了。

铝模具烘焙型奶酪蛋糕

用铝制模具制作的甜点便于携带运输。稍作点缀，加些新意，不失为馈赠亲友的好选择！
（参照P84）

准备工作●

1. 用基础烘焙型奶酪蛋糕的食材制作蛋糕面糊（参照P40~P41）。在6个直径为7cm的铝制模具中分别放入一个话梅干，再将做好的面糊倒入模具里。把模具放入预热至170℃的烤箱里，烤制20分钟即可。
2. 将烤好的蛋糕置于冷却架上进行冷却。

要点

烤制过程中，面糊会不断膨胀，因此只需倒至模具的8分满即可。

备忘录

话梅干

将梅子用天然的方法晾干之后制成，铁含量较高。如果您喜欢的话，可以用红酒浸泡，使其风味更加独特。

在基础烘焙型奶酪蛋糕的基础上
添加您喜爱的各种食材，就能创作出新的美味！

基础面糊中的食材较为简单，添加不同的食材，就能享受到不同美味了！
另外，柠檬皮味道较浓，根据添加的食材可做适当调整，有时候不用比较好。

+除基础食材外，添加磨碎的黑芝麻

黑芝麻奶酪蛋糕

这款蛋糕看上去黑乎乎的，
但尝上一口，您就能感受到浓浓的香味，
一种令你欣喜的美味！

black sesame baked cheese cake

食材 ●（ 直径15cm的圆形模具1个份 ）

奶油奶酪	200g
细砂糖	70g
柠檬汁	1大匙
鸡蛋	1个
鲜奶油	100ml
磨碎的黑芝麻	25~30g
低筋面粉	2大匙（16g）
土豆淀粉	1大匙（9g）
任意喜爱的曲奇饼干	40g
无盐黄油	20g

准备工作 ●

参照P40的准备工作　做好相关准备。

制作方法 ●（ 详细操作请参照P41 ）

1. 将奶油奶酪加到盆里，用打蛋器充分搅拌均匀。

2. 奶酪搅拌光滑后，先后加入细砂糖、柠檬汁、蛋液、鲜奶油、磨碎的芝麻，每加入一种食材都要搅拌均匀。

3. 将低筋面粉和土豆淀粉混合筛入　中容器里，充分搅拌至食材中看不到粉末。

4. 将　中食材倒入模具里，轻轻晃动容器，使面糊表面平整。整理好的模具放入预热至170℃的烤箱里，大约烤制40~50分钟即可。

5. 烤好的蛋糕置于冷却架上进行冷却。待蛋糕冷却之后，将整个模具用保鲜膜包裹起来，置于冰箱冷藏室里冷却3小时以上。最后，将蛋糕从模具中取出即可。

牛油果风味奶酪蛋糕

稍带绿色，看起来十分漂亮，
这就是牛油果风味奶酪蛋糕！

avocado baked cheese cake

 除基础食材外，
添加牛油果

食材●（直径15cm的圆形模具1个份）

奶油奶酪	200g
细砂糖	70g
鸡蛋	1个
鲜奶油	100ml
柠檬皮（有机）	1/2个
柠檬汁	1大匙
牛油果	净重100g
低筋面粉	2大匙（16g）
土豆淀粉	1大匙（9g）
任意喜爱的曲奇饼干	40g
无盐黄油	20g

准备工作●

1 参照P40的准备工作1~6做好相关准备。

2 将牛油果去皮、去核（参照要点），准备100g果肉后，用叉子碾碎，与柠檬汁、柠檬皮混合。

制作方法●（详细操作请参照P41）

1 将奶油奶酪加到盆里，用打蛋器充分搅拌光滑。按顺序依次加入细砂糖、牛油果泥、蛋液和鲜奶油，每加入一种食材都要搅拌均匀。

2 将低筋面粉和土豆淀粉混合筛入1里，搅拌至没有干粉为止。

3 将2中搅拌好的面糊倒入模具里，轻轻晃动，使面糊表面平整。将模具放入预热至170℃的烤箱里，烤制40~50分钟。

4 将烤好的蛋糕置于冷却架上进行冷却，待稍微冷却之后，盖上保鲜膜，置于冰箱冷藏室里冷却3小时以上，再将冷却好的蛋糕从模具中取出即可。

plus one

要点

将刀子沿着牛油果的果核纵向插入，划动刀子将果实从中间剖开。继续将分好划开的部位一分为二，刀子沿着果核慢慢将其挖出来。果皮剥掉即可。

+在基础食材中去掉柠檬
皮，添加南瓜

南瓜风味奶酪蛋糕

尽情感受南瓜的甘甜美味，
让你爱上南瓜的味道！

pumpkin baked cheese cake

食材●（直径15cm的圆形模具1个份）

奶油奶酪····················200g
细砂糖·····················50~70g
鸡蛋·······················1个
鲜奶油·····················100ml
柠檬汁·····················1大匙
低筋面粉···················2大匙（16g）
土豆淀粉···················1大匙（9g）
南瓜·······················净重150g
葡萄干·····················2大匙
任意喜爱的曲奇饼干·········40g
无盐黄油···················20g

准备工作●

1 参照P40的准备工作，做好相关准备。

2 南瓜去皮切成2~3cm的小块，裹上保鲜膜，置于微波炉中加热2分钟左右取出，翻转一下，继续加热1分半钟左右。用叉子将南瓜弄碎，与柠檬汁混合。

制作方法●（详细操作请参照P41）

1 将奶油奶酪加到盆里，用打蛋器充分搅拌光滑。按顺序依次加入细砂糖、南瓜泥、蛋液和鲜奶油，每加入一种食材都要搅拌均匀。

2 将低筋面粉和土豆淀粉混合筛入里，将食材搅拌至没有干粉为止。

3 将葡萄干撒在模具底部，倒入中搅拌好的食材，轻轻晃动模具使表面平整。将模具放入预热至170℃的烤箱里，烤制40~50分钟。

4 将烤好的蛋糕置于冷却架上，待蛋糕稍微冷却之后，盖上保鲜膜，置于冰箱中冷藏3小时以上。冷却好的蛋糕直接从模具中取出即可。

5 如果您喜欢的话，还可以在50ml鲜奶油中加入1小匙细砂糖，充分打发。在蛋糕上装饰上打发好的奶油或者肉桂棒即可。

要点

用牙签测试加热好的南瓜，如果牙签能够穿入南瓜即表示南瓜已熟透。如果无法轻松插透，则还需要结合实际加热情况继续加热一会儿。

plus one

+在基础食材中去掉柠檬皮，
添加速溶咖啡

摩卡奶酪蛋糕

味道温和的奶酪蛋糕中，
加入微苦的咖啡，绝妙的搭配！

coffee baked cheese cake

食材● （直径15cm的圆形模具1个份）

奶油奶酪	200g
细砂糖	70g
鸡蛋	1个
鲜奶油	100ml
低筋面粉	2大匙（16g）
土豆淀粉	1大匙（9g）
任意喜爱的曲奇饼干	40g
无盐黄油	20g
A 速溶咖啡	2.5大匙（5g）
热水	1/2大匙
可可利口酒	1/2大匙

准备工作●

1 参照P40的准备工作1~6做好相关准备。

2 将A中全部食材混合到一起。

制作方法● （详细操作请参照P41）

1 将奶油奶酪加到盆里，用打蛋器充分搅拌光滑。
 按顺序依次加入细砂糖、调好的咖啡液、蛋液和
 鲜奶油，每加入一种食材都要搅拌均匀。

2 将低筋面粉和土豆淀粉混合筛入1里，将食材搅
 拌至没有干粉为止。

3 向模具中倒入2中搅拌好的食材，轻轻晃动模具
 使表面平整。将模具置于预热至170℃的烤箱
 里，烤制40~50分钟。

4 将烤好的蛋糕置于冷却架上冷却，待蛋糕稍微冷
 却之后，裹上保鲜膜，置于冰箱中冷却3小时以
 上。再将充分冷却的蛋糕从模具中取出。

5 如果您喜欢的话，还可以在50ml鲜奶油中加入
 1小匙细砂糖，充分打发，最后装饰上打发好
 的奶油。如果有咖啡豆，也可以放在蛋糕上面
 进行装饰。

要点

可可利口酒是一种具有咖
啡香味的利口酒。制作蛋
糕时，加入适量，能够提
高蛋糕的整体风味，如果
没有，用热水亦可。如果
选用配料中的食材没有溶
开咖啡的话，还可以再加
入1/2大匙热水，将咖啡
充分溶开。

美味在此蔓延！
8种烘焙型奶酪蛋糕

花式烘焙型奶酪蛋糕的制作方法与基本款大同小异，
只需将所需食材搅拌均匀即可。
在基础食材的基础上，添加大量水果，增加蛋糕中的风味，
美味就会不断蔓延，让人爱不释口……
以下食谱非常适合家庭烘焙，
各种详细的花式蛋糕制作方法大集合，让你在家就能做出美味奶酪蛋糕！

纽约芝士蛋糕

New York style baked cheese cake

本款蛋糕添加了酸奶油和蛋黄，打造出具有浓郁口感的奶酪蛋糕。
下面铺上一层巧克力曲奇，给人一种美式蛋糕的新体验！

食材●（直径15cm的圆形模具1个份）

奶油奶酪…………………………200g
细砂糖……………………………60g
酸奶油……………………………100g
蛋黄………………………………1个
鸡蛋………………………………1个
低筋面粉…………………………20g
柠檬汁……………………………1大匙
意大利苦杏仁酒（或者朗姆酒）1大匙
巧克力曲奇饼干…………………50g
无盐黄油…………………………15g

准备工作●（详细操作请参照P40）

1 将需要的各种食材称量好备用。鸡蛋打到容器里，搅开。

2 在模具内抹上薄薄一层黄油（分量外），选用活底模具时，还要撒上少许低筋面粉（分量外）。选用一体式模具时，请参照P40的具体操作方法。

3 将黄油置于耐热容器里，放入微波炉中加热30秒左右化开。将化开的黄油与弄碎的曲奇饼干混合铺在模具底部，把模具放入冰箱冷藏室里（参照P15）。

4 把奶油奶酪切成8~10等分，裹上保鲜膜，置于微波炉中加热40秒左右，用手轻捏保鲜膜，将奶酪弄碎。

5 烤箱预热至170℃。

制作方法●（详细操作请参照P41）

1 将奶油奶酪加到盆里，用打蛋器充分搅拌光滑。

2 加入细砂糖搅拌均匀。

3 搅拌至细砂糖化开之后，加入酸奶油充分搅拌均匀。

4 搅拌至食材充分融合到一起之后，依次加入蛋黄和蛋液，每加入一种食材都要搅拌至均匀光滑。

5 将低筋面粉筛入4中容器里，充分搅拌直至看不到面粉即可。

6 依次加入柠檬汁、意大利苦杏仁酒（或其他酒），充分搅拌均匀。

7 将搅拌好的食材倒入模具里，轻轻晃动模具，使表面平整。

8 将模具放入烤箱里，烤制40~50分钟。

9 将烤好的蛋糕置于冷却架上，大体冷却之后，盖上保鲜膜，置于冰箱冷藏室里冷却3小时以上。再将充分冷却的蛋糕从模具中取出即可。

要点

酸奶油能够增加甜点的浓郁口感。

备忘录

酸奶油

将乳酸菌添加到鲜奶油里，经发酵后制成的奶油，清爽的酸味是其主要特点。可以直接与面包搭配食用。

奶酪条

stick baked cheese cake

把奶酪蛋糕切成条状，便于食用，让你轻轻松松、随时随地享受美味！
根据喜好还可以多加些适合与朗姆酒搭配的干果，风味更佳独特！

食材 ● （边长20cm的方形模具1个份）

奶油奶酪·······················200g
细砂糖·························70g
蛋黄···························1个份
鸡蛋···························1个
原味酸奶·······················100g
土豆淀粉·······················20g
鲜奶油·························50ml
任意喜爱的水果干········ 100~150g
（无花果干60g、绿葡萄干40g、
蔓越橘干30g）
朗姆酒·························1大匙
任意喜爱的曲奇饼干···········60g
肉桂粉······· 1/5小匙（不加亦可）
无盐黄油·······················30g

准备工作 ● （详细操作请参照P40）

1 将各种食材称量好备用。鸡蛋打到容器里，搅开备用。

2 在模具内涂抹薄薄一层黄油（分量外），铺上烤箱用纸（参照本页右下角模具的准备工作）。

3 将黄油放入耐热容器中，置于微波炉中加热30秒左右化开。将化开的黄油与曲奇饼干、肉桂粉混合铺在模具底部，将模具放入冰箱里（参照P15）。

4 将无花果干4~6等分后，与葡萄干、蔓越橘干一起放入耐热容器里，加入适量朗姆酒，盖上保鲜膜放入微波炉中加热1分半钟左右。将加热好的干果充分搅拌之后，保持原状直至其充分冷却。

5 把奶油奶酪8~10等分之后，裹上保鲜膜，置于微波炉中加热40秒左右，用手揉开。

6 烤箱预热到170℃。

制作方法 ● （详细操作请参照P41）

1 将奶油奶酪加到盆里，用打蛋器充分搅拌光滑。

2 奶酪搅拌好后，依次加入细砂糖、蛋黄、鸡蛋、酸奶等食材，每加入一种食材都要充分搅拌均匀。

3 将淀粉筛入2中容器里，将各种食材搅拌均匀，直至看不到干面粉为止。

4 加入鲜奶油，充分搅拌均匀后，将水果干连汁液一起倒入，用橡胶铲搅拌均匀。

5 将搅拌好的食材倒入模具里，轻轻晃动模具，使表面平整。

6 将模具放入烤箱里，烤制30~40分钟。

7 将烤好的蛋糕置于冷却架上，冷却之后，裹上保鲜膜，放入冰箱冷藏室里冷藏3小时以上，食用前将冷藏好的蛋糕从模具中取出，切成适当大小即可。

备忘录

水果干
图片中从上往下依次为蔓越橘干、无花果干和绿葡萄干，您也可以选用其他任意您喜爱的水果干。较大的水果干则可以切成4~6等分后再添加到食材里。

准备好模具

1
按照比模具四边高出2cm的规格裁一块烤箱垫纸，将纸铺到模具里，四边分别折出折痕，如图那样将四角部位剪开。

2
在模具内涂抹一层薄薄的黄油后，将烤箱用纸垫到模具里。

要点
加入水果干的时候，一定要将加热时的汁液也一起加入，将各种水果干充分搅拌均匀即可。

苹果风味奶酪蛋糕

apple baked cheese cake

在蛋糕上装饰用黄油煎过、风味独特的苹果片，
轻轻咬上一口，美味就在口中蔓延，
这是一款充分体现苹果风味的奶酪蛋糕。

食材 ● （直径15cm的圆形模具1个份）

奶油奶酪	200g
细砂糖	70g
蛋黄	1个份
鸡蛋	1个
低筋面粉	10g
杏仁粉	25g
牛奶	100ml
无盐黄油	20g
松仁	10g

〈苹果片〉

苹果	150g左右的2个
无盐黄油	15g
细砂糖	30g

〈饼干底〉

任意喜爱的曲奇饼干	40g
无盐黄油	20g

将切好的苹果裹上黄油，煎至苹果变软之后，撒上细砂糖即可。

将煎好的苹果摆放在面糊上面时，为防止苹果下沉，可以先烤一会儿蛋糕，待蛋糕表面形成硬壳之后，再摆上苹果，撒上松仁。

准备工作 ● （详细操作请参照P40）

1. 将各种食材称量好备用。鸡蛋打到容器里，搅开备用。黄油放到耐热容器里，置于微波炉中加热30秒，化开（制作方法6中会用到）。

2. 在模具内抹上一层薄薄的黄油（分量外），选用活底模具时，需要撒上适量低筋面粉（分量外）。选用固底模具时，还需要在模具底部和侧面垫上一层烤箱用纸（参照P40）。

3. 将饼干底中要用到的黄油放入耐热容器里，置于微波炉中加热30秒左右，化开。将融化的黄油与弄碎的曲奇饼干混合铺在模具底部，放入冰箱冷藏室里（参照P15）。

4. 把奶油奶酪切成8~10等分，裹上保鲜膜，放入微波炉中加热40秒左右，再用手揉开。

5. 将烤箱预热到170℃。

制作方法 ● （详细操作请参照P41）

1. 制作煎苹果片。将1个苹果去皮后，切成半月形（纵向4等分），去除苹果核，将每一块苹果分别3等分后，再横向4等分。剩下一个苹果用于装饰，将苹果洗干净后，带皮切成半月形，再继续纵向切成3~4等分。

2. 将平底锅热过之后，加入黄油，将黄油化开，加入1中切好的苹果，用中火炒至苹果变软，加入细砂糖，炒至苹果几乎没有水分后，盛出来，装到方底平盘或者盘子里冷却。用于装饰的苹果要与煎过的苹果分开放置。

3. 将奶油奶酪加到钢盆里，用打蛋器充分搅拌。

4. 搅拌至奶酪变光滑之后，依次加入细砂糖、蛋黄和鸡蛋液，每加入一种食材都要搅拌均匀。

5. 将低筋面粉和杏仁粉混合，筛入4中容器里。然后将各种食材充分搅拌均匀，直至看不到干面粉为止。

6. 依次加入牛奶、化开的黄油，每加入一种都要将食材充分搅拌均匀。

7. 加入2中煎过的苹果，用橡胶铲搅拌至苹果片均匀分布。

8. 将搅拌好的面糊倒入模具里，轻轻晃动模具使表面平整。

9. 将整理好的模具放入烤箱里，烤制15分钟左右后取出。摆上2中用于装饰的苹果片，撒上松仁，继续烤制30~40分钟，直至蛋糕中间鼓起。

10. 将烤好的蛋糕置于冷却架上，稍微冷却之后，盖上保鲜膜，放入冰箱中冷藏3小时以上。最后将蛋糕从模具中取出就可以食用了！

备忘录

杏仁粉

用杏仁制成的粉末，能够增加各种食材的黏稠度。甜点材料专卖店里一般都有售。

松仁

松球里的种子。营养丰富、味道清淡是其主要特点。一般在中国食材卖场都能买到。

香橙风味奶酪蛋糕

orange baked cheese cake

入口瞬间，香橙的味道就在口中蔓延……
此款蛋糕可以趁热食用，也可以冷却后享用，
不同的品尝方法，同样的美味享受！

食材 ●（小烤盘4个份）

奶油奶酪·······················200g
橙子·····························3个
细砂糖···························70g
鸡蛋······························2个
原味酸奶·······················100g
低筋面粉·························30g
可安多乐酒（参照P32）······1大匙

准备工作 ●（详细操作请参照P40）

1 将各种食材称量好备用。鸡蛋打到容器里，搅开备用。

2 在模具内抹上一层薄薄的黄油（分量外）。

3 把奶油奶酪切成8~10等分后，裹上保鲜膜，放入微波炉中加热40秒左右，用手揉开。

4 烤箱预热到170℃。

制作方法 ●（详细操作请参照P41）

1 将橙子上下两头分别切除一部分，切至果肉部位即可。去皮，白色部分也要剥干净，露出果肉。其中1个橙子用于装饰，将其横向切成1cm厚的圆形薄片。剩余部分只取果肉，切成块状。

2 将奶油奶酪加到碗里，用打蛋器充分打发。

3 奶酪搅拌至光滑后，依次加入细砂糖、鸡蛋、酸奶，每加入一种食材都要充分搅拌均匀。

4 将低筋面粉筛入中容器里，充分搅拌直至看不到干面粉为止。

5 加入切成块状的橙子和可安多乐酒，用橡胶铲搅拌均匀。

6 将中搅拌均匀的食材倒入烤盘里，每个盘子上面放上一片切成圆形的橙子果肉。

7 将烤盘放入烤箱里，烤制20~30分钟，烤至用牙签插入蛋糕后拔出，无附着面糊为止。

8 如果想趁热食用，做好后就可以享受美味了。想要冷却之后再食用的话，可以先把烤盘置于冷却架上，待稍微冷却之后，盖上保鲜膜，放入冰箱中冷藏3小时以上。食用之前，撒上些糖粉即可。

要点

为了方便将橙子果肉与其他食材混合均匀，将每一瓣去皮的果肉切成3~4等分搅拌即可。

核桃葡萄干磅奶酪蛋糕

walnuts & raisin baked cheese pound cake

口感湿润、蓬松是这款蛋糕的最大特点。
朗姆酒与葡萄干搭配，加上香气扑鼻的核桃仁，美味非同凡响！

要点

将葡萄干和核桃仁加入面糊之前，要拌上一些面粉，这样在搅拌过程中，面粉本身的黏性会将葡萄干、核桃仁粘住，防止沉底，葡萄干和核桃仁就能均匀地分布在面糊中了。

备忘录

核桃仁
用于制作奶酪蛋糕的核桃仁最好不要选用零食类带咸味的，要选用专门用于制作甜点、没有咸味的核桃仁。

食材 ●（18cm×8cm×6.5cm的磅蛋糕模具1个份）

奶油奶酪	150g
无盐黄油	150g
细砂糖	80g
鸡蛋	1个
杏仁粉（参照P53）	40g
低筋面粉	40g
泡打粉	1小匙
核桃仁	50g
葡萄干	50g
朗姆酒	1大匙

准备工作 ●（详细操作请参照P40）

1. 将各种食材称量好备用。鸡蛋打到容器里，搅开。

2. 在模具内涂抹薄薄一层黄油（分量外），撒上适量低筋面粉（分量外）。

3. 将葡萄干放入耐热容器里，加入适量朗姆酒，盖上保鲜膜后，置于微波炉中加热1分半钟左右，稍微搅拌一下，放置一边冷却。

4. 将核桃仁用平底锅炒一下或者置于烤箱中用低温烤制5分钟左右，烤好之后切成5mm大的小块。

5. 将奶油奶酪切成6~8等分，裹上保鲜膜，放入微波炉中加热30秒左右，用手揉碎备用。

6. 将烤箱预热到170℃。

制作方法 ●（详细操作请参照P41）

1. 奶油奶酪和黄油放到盆里，用打蛋器充分搅拌均匀。

2. 奶酪和黄油搅拌至光滑柔软之后，依次加入细砂糖、鸡蛋，每加入一种食材都要充分搅拌均匀。

3. 将杏仁粉筛入2中容器里。将低筋面粉和泡打粉混合，取出一半筛入其他食材里，充分搅拌均匀，直至看不到干面粉为止。

4. 将剩余的低筋面粉和泡打粉筛入3中，撒上葡萄干和核桃仁，轻轻用橡胶铲搅拌，使面粉粘到葡萄干和核桃仁上。最后将各种食材搅拌均匀即可。

5. 将4中搅拌好的面糊倒入4中模具里，轻轻晃动模具使表面平整。将模具放入预热到170℃的烤箱里，烤制30~40分钟。

6. 将烤好的蛋糕置于冷却架上进行冷却，之后将蛋糕从模具中取出即可。

红薯板栗奶酪蛋糕

sweet potato & sweet roasted chestnuts baked cake

口味温和的蛋糕中，加入了切成大块的红薯和板栗，令人吃惊的美味口感让你赞不绝口！

食材 ●（直径15cm的圆形模具1个份）

奶油奶酪…………………………200g
细砂糖（红糖亦可）…………… 70g
※红糖是指含有糖蜜的茶色细砂糖，风味较为浓郁。
鸡蛋…………………………… 1个
杏仁粉（参照P53）………… 30g
牛奶………………………… 50ml
无盐黄油…………………… 30g
红薯………………………… 200g
板栗………………………… 100g

〈饼干底〉

任意喜爱的曲奇饼干………… 40g
无盐黄油…………………… 20g

准备工作 ●（详细操作请参照P40）

1 将各种食材称量好备用。鸡蛋打到容器里，搅开。黄油放入耐热容器里，置于微波炉中加热30秒左右，将其化开（制作方法4中会使用）。

2 在模具内涂上薄薄一层黄油（分量外），选用活底模具时，需要撒上适量低筋面粉（分量外）。选用固底模具时，需要在底部和侧面铺上一层烤箱用纸。

3 将用于制作饼干底的黄油放入耐热容器里，置于微波炉中加热30秒左右，再加入弄碎的曲奇饼干，搅拌均匀。搅拌好的饼干碎铺在模具底部，模具放入冰箱里冷藏（参照P15）。

4 把奶油奶酪切成8~10等分之后，裹上保鲜膜，放入微波炉中加热40秒左右，用手揉开。

5 将烤箱预热至170℃。

制作方法 ●（详细操作请参照P41）

1 将红薯洗干净后，带皮裹上保鲜膜，放入微波炉中加热3分钟左右，加热至变软后，待其冷却，再将红薯纵向4等分，切成一口大小。

2 将奶油奶酪放入盆里，用打蛋器搅拌至光滑。

3 待奶酪搅拌好后，依次加入细砂糖、蛋液，每加入一种食材都要充分搅拌均匀。

4 将杏仁粉筛入3中容器里。搅拌至看不到干粉后，依次加入牛奶和化开的黄油，将各种食材充分搅拌均匀。

5 将一半1中处理好的红薯以及板栗仁摆放到模具里，倒入一半4中搅拌好的食材。再摆上剩余的红薯以及板栗仁，倒入剩余面糊。轻轻晃动模具，使食材表面平整。

6 将模具放入预热至170℃的烤箱里，烤制约40~50分钟，直至面糊中间鼓起为止。

7 将烤好的蛋糕置于冷却架上，稍微冷却后，盖上保鲜膜，放入冰箱里冷藏3小时以上。最后将冷却后的蛋糕从模具中取出即可。

板栗

使用已经剥皮的板栗仁较方便。超市甜点卖场一般都有售。

加热红薯时，如用竹签能够穿透，即表明已熟透。

为了食用时板栗和红薯能均匀分布，制作时一定要摆放均匀。

巧克力香蕉奶酪蛋糕

chocolate & banana baked cheese cake

巧克力与香蕉，奇妙的搭配！
吃起来香味醇厚，回味悠长，让你不禁想多吃几口！

食材●（直径15cm的圆形模具1个份）

奶油奶酪·······················200g
细砂糖·························70g
鸡蛋·····························1个
低筋面粉·······················20g
板状巧克力（黑）················100g
巧克力利口酒（没有亦可）···1大匙
牛奶··························50ml
香蕉····················1.5根（150g）
柠檬汁························1小匙
巧克力曲奇饼干·················60g
无盐黄油·······················15g

要点

一定要添加热牛奶，在巧克力充分融化之前用汤匙进行充分搅拌。

为了在食用时充分享受香蕉的美味口感，进行搅拌操作时，一定不要将香蕉弄碎。

准备工作●（详细操作请参照P40）

1 将各种食材称量好备用。鸡蛋打到容器里，搅开。

2 在模具内抹上薄薄一层黄油（分量外），选用活底模具时，需要撒上少许低筋面粉（分量外）。选用固底模具时，要在模具底部和侧面铺上一层烤箱用纸。

3 将黄油放入耐热容器里，置于微波炉中加热30秒左右，再加入弄碎的曲奇饼干。搅拌均匀。搅拌好的饼干碎铺在模具底部，模具放入冰箱里冷藏（参照P15）。

4 将巧克力用刀切碎（参照P23）后，放入容器里。

5 把奶油奶酪切成8~10等分，裹上保鲜膜，放入微波炉中加热40秒左右，用手揉开。

6 烤箱预热至170℃。

制作方法●（详细操作请参照P41）

1 将100g香蕉纵向切4等分之后，切成5mm厚的薄片。剩余香蕉可切成1cm厚的圆片，用于装饰，切好的香蕉撒上柠檬汁。

2 将牛奶倒入耐热容器里，放入微波炉中加热1分钟左右，再倒入切好的巧克力后，将食材搅拌均匀。

3 将奶油奶酪加入另一个容器里，用打蛋器充分搅拌。

4 待奶酪搅拌光滑后，依次加入细砂糖、鸡蛋和2中食材，每加入一种食材都要充分搅拌均匀。

5 将低筋面粉筛入4中容器里。充分搅拌，直至看不到干粉为止。加入切好的香蕉和巧克力利口酒，用橡胶铲切拌。

6 将搅拌好的食材倒入模具里，轻轻晃动模具，使食材平整。面糊边缘摆上一圈切成圆片的香蕉。

7 将模具放入烤箱里，烤制40~50分钟。

8 将烤好的蛋糕置于冷却架上进行冷却，之后裹上保鲜膜，放入冰箱里冷藏3小时以上。最后将冷却好的蛋糕从模具中取出即可。

食材●（直径15cm的圆形模具1个份）

农家奶酪（参照P2）…………200g

枫糖（或者细砂糖）…………70g

柠檬汁………………………1小匙

鸡蛋……………………………2个

鲜奶油………………………100ml

无盐黄油………………………20g

低筋面粉………………………30g

软杏肉干…………4个（50g）

南瓜籽……………………适量

〈饼干底〉

任意喜爱的曲奇饼干…………40g

无盐黄油………………………20g

准备工作●（详细操作请参照P40）

1 将各种食材称量好备用。鸡蛋打到容器里，搅开。将黄油放入耐热容器里，置于微波炉中加热30秒左右，将其化开（制作方法2中会使用）。

2 在模具内抹上薄薄一层黄油（分量外），选用活底模具时，需要撒上适量低筋面粉（分量外）。选用固底模具时，需要在模具底部和侧面铺上一层烤箱用纸。

3 将用于制作饼干底的黄油放入耐热容器里，置于微波炉中加热30秒左右，再加入弄碎的曲奇饼干，搅拌均匀。搅拌好的饼干碎铺在模具底部，摆上一半用手撕开的杏肉，将模具放入冰箱中冷藏（参照P15）。

4 烤箱预热到170℃。

制作方法●（详细操作请参照P41）

1 将农家奶酪置于容器里，用打蛋器搅拌均匀。

2 待奶酪搅拌光滑后，依次加入枫糖、柠檬汁、鸡蛋、鲜奶油以及化开的黄油，每加入一种食材都要充分搅拌均匀。

3 将低筋面粉筛入2中容器里，搅拌至看不到干粉为止。

4 将3中搅拌好的面糊倒入模具里，轻轻晃动模具使面糊表面平整。

5 将模具放入预热好的烤箱里，烤制15分钟后，从烤箱中取出，在蛋糕边缘撒上南瓜籽，重新放回烤箱里烤制20~30分钟。烤至用竹签插到蛋糕中间，拔出后上面不会粘有面糊为止。

6 将烤好的蛋糕置于冷却架上，待稍微冷却之后，盖上保鲜膜，置于冰箱中冷藏3小时以上。最后，将冷却好的蛋糕从模具中取出即可。

要点

为了便于切割，杏肉要沿着模具边缘摆放在模具底部，然后再倒入面糊即可。

农家奶酪蛋糕

baked cottage cheese cake

本款蛋糕选用了浓稠的枫糖浆，
让你感受浓郁的太妃糖口味，吃上一口，幸福久久！
摆放于蛋糕底部酸甜可口的杏肉，也能带给你美味冲击！

备忘录

南瓜籽

将南瓜种烤过之后制成的。一般的甜点食材店都有出售，请选购无盐的原味南瓜籽。

柔软杏肉干

将甜杏晾干、干燥之后制成的，请尽量选用果肉较为柔软的，这样才具有酸甜爽口的口感。

枫糖

将枫糖浆的水分蒸发，通过煮制得到的浓缩型细砂糖。一般的甜点食材店里均有出售。

Part 3

舒芙蕾奶酪蛋糕&变化花式

湿润、蓬松、口感松软，

再加上清爽的柠檬香味，

美味在口中不断蔓延的舒芙蕾奶酪蛋糕……

加入打发的蛋白霜，

隔水烤制，

与烘焙型蛋糕完全不同的美味，

让你不禁爱上这种味道！

蛋白霜的打发方法是成功做出美味的关键，

只要您掌握打发技巧，

任何时候都能享用美味！

这种只有在家中才能制造出的美味，

您一定要试试！

P64　　　P66　　　P68　　　P70

舒芙蕾奶酪蛋糕

souffle cheese cake

加入打发的蛋白霜后，放入烤箱里进行蒸烤，
一种与烘焙型蛋糕完全不同的温和美味。

食材 ●（直径15cm的固底圆形模具1个份）

奶油奶酪	150g
鸡蛋	2个
牛奶	100ml
鲜奶油	2大匙
细砂糖	50g
无盐黄油	30g
低筋面粉	30g
柠檬皮（有机，不添加亦可）	1个份
柠檬汁	1大匙

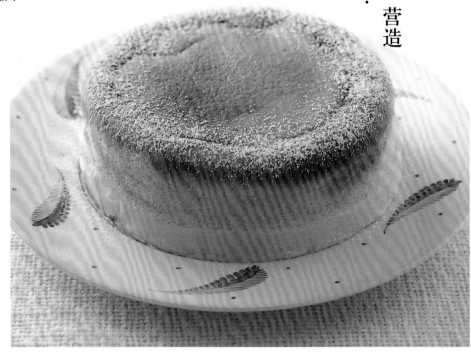

加入打发的蛋白霜，营造出湿润、蓬松口感！

● 准备工作

1 将各种食材称量备用。

2 准备好所需模具。

在模具内涂抹薄薄一层黄油（分量外），剪一块宽5~6cm、长30cm的烤箱用纸，两端接在一起，铺在模具侧面。结合模具底部大小裁剪一张烤箱用纸，铺在模具里。周围的垫纸铺好之后要比模具高出3cm左右。

3 软化奶油奶酪

把奶油奶酪切成6~8等分，用保鲜膜包裹起来，放入微波炉（600W）中加热30秒左右。用手指轻轻按压奶酪，能够留下指痕即表明软硬适度。为了便于搅拌，可在此时将奶酪用手揉碎（参照P12）。

4 准备好柠檬

将柠檬表面的黄色果皮磨碎（请选用有机柠檬），准备好适量柠檬汁（参照P40）。

5 分离蛋白和蛋黄

将鸡蛋从中间磕开，只将蛋白倒入容器里。具体操作方法是，将蛋黄在两个鸡蛋壳里左右交替移动，在移动的过程中，蛋白流到容器里了。再将蛋黄倒入另一个容器里，就将蛋黄和蛋白分离开了。

6 融化黄油

将黄油放入耐热容器里，置于微波炉中加热30秒左右，使其完全融化。

7 牛奶倒入耐热容器，放入微波炉中加热40秒左右。

8 烤箱预热到160℃。

9 将用于隔水蒸烤的热水煮沸。

● 制作方法

★ 将各种食材按顺序加入并搅拌均匀

1
将奶油奶酪置于钢盆里，用打蛋器搅拌至光滑，加入30g细砂糖后，继续搅拌均匀。

2
向/中一点点加入搅碎的蛋黄，将其与奶酪慢慢搅拌均匀。

要点
如果一次性加入蛋黄，奶酪容易结块，不易搅匀。

3
将低筋面粉过筛之后加入（参照P41制作方法5），搅拌至完全看不到干粉为止。将面糊搅拌均匀后，牛奶分2~3次加入，搅拌至光滑。

4
将鲜奶油一次性加入，搅拌均匀。加入化开的黄油后，彻底搅拌均匀。

5
继续加入柠檬皮和柠檬汁，充分搅拌均匀。

★ 打发蛋白

6
将蛋白加入另一个碗里，用手持式搅拌机打发，加入剩余的20g细砂糖，对蛋白进行充分打发，制作蛋白霜。

检查！
要将蛋白打发至用搅拌头挑起时，蛋白能呈现棱角为止。

7
将打发好的蛋白霜分2次加到5中，第1次加入要用打蛋器充分搅拌。

8
第2次加入之后，为不将气泡弄破，要用橡胶铲铲起容器底部的面糊，将其充分搅拌均匀。

★ 将搅拌好的面糊倒入模具里

9
将搅拌好的面糊倒入模具里。容器上粘着的面糊也要用橡胶铲清除干净。

10
在烤盘上放置耐热平底盘，放上蛋糕模具。向平底盘里注入2cm深的热水，将烤盘置于预热至160℃的烤箱里烤制45分钟~1小时。

要点
蒸烤过程中，从蛋糕上面的裂纹中看不到生面糊，就表明蛋糕烤制完成。

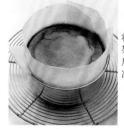

11
将烤好的蛋糕置于冷却架上，待其稍微冷却之后，裹上保鲜膜，置于冰箱冷藏3小时以上。

★ 脱模

12
待蛋糕完全冷却之后，提起烤箱用纸，将蛋糕从模具中取出。食用之前，您还可以根据个人喜好撒上糖粉等（参照P41）。

不同美味！
4种舒芙蕾奶酪蛋糕

学会了蛋白的打发方法，
只需变换烤制方法和食材，就能做出不同感觉的美味蛋糕！
入口即化的温暖和蓬松、湿润的口感，
给你不同口味的新奇体验！

豆腐舒芙蕾奶酪蛋糕

tofu souffle cheese cake

蛋糕中能够品尝出淡淡的大豆香味，
湿润的口感和清爽的余味，令人久久难以忘怀。
闲暇之余，品尝这样一款蛋糕，一定会让你的心情得到彻底放松！

食材●（直径15cm的固底圆形模具1个份）

奶油奶酪·······················100g
木棉豆腐·······················200g
细砂糖··························60g
低筋面粉························30g
鸡蛋····························2个
鲜奶油··························50ml
无盐黄油························30g
柠檬汁··························1大匙

准备工作●（详细操作请参照P62）

1 将各种食材称量好备用。鸡蛋的蛋黄和蛋清分开，各自放入干净容器里。

2 在模具内涂抹薄薄一层黄油（分量外），参照P62在模具内铺上烤箱用纸。

3 将黄油放入耐热容器里，置于微波炉中加热30秒左右。

4 把奶油奶酪切成4~6等分，裹上保鲜膜，置于微波炉中加热20秒左右，用手揉开。

5 烤箱预热到160℃。

6 将用于隔水蒸烤的热水煮沸。

制作方法●（详细操作请参照P63）

1 将豆腐放入耐热容器里，置于微波炉中加热2分钟左右。加热时在豆腐上面放一个盘子，直到豆腐冷却后取下，这样能够将豆腐里多余的水分沥出（参照要点）。将豆腐压到150g重即可。

2 将1中处理好的豆腐用滤网弄碎（参照要点）。

3 将奶油奶酪加到不锈钢盆里，用打蛋器充分搅拌至光滑。

4 加入40g细砂糖，充分搅拌均匀。搅拌至细砂糖化开，食材细腻光滑时，加入2中处理好的豆腐，搅拌均匀。

5 将低筋面粉筛入4中，充分搅拌均匀。

6 搅拌至看不到干粉时，依次加入蛋黄、鲜奶油、化开的黄油和柠檬汁，每加入一种食材都要充分搅拌均匀。

7 将剩余20g细砂糖加到蛋白里，用手持式搅拌机打发，打发至用搅拌头挑起时，蛋白有棱角为止（参照P63）。

8 将7中搅拌好的蛋白霜分2次加到6中，为了防止弄碎蛋白中的气泡，要轻轻地搅拌食材。将搅拌好的食材倒入模具里。

9 将耐热方底盘置于烤盘上，放上蛋糕模具。加入2cm高的热水，将烤盘放入烤箱里烤45分钟~1小时。用竹签刺入蛋糕中间部位，如果竹签拔出后没有粘连食材，则表明烤制完成。

10 将烤好的蛋糕置于冷却架上，稍微冷却之后，裹上保鲜膜，置于冰箱中冷藏3小时以上。最后，将冷却的蛋糕从模具中取出即可。

用微波炉加热豆腐时，豆腐上面要放一个重物，这样能够缩短豆腐沥干水分的时间。

将豆腐用滤网弄碎，可以制作出具有爽滑、蓬松口感的蛋糕。

奶酪舒芙蕾

cheese souffle

这款舒芙蕾冷却之后会很快瘪掉，建议您从烤箱中取出之后迅速享用！
蛋糕入口即化的口感，一定会让你欣喜若狂！

食材● （4个份）

奶油奶酪·······························100g
鸡蛋·······································3个
细砂糖·····································50g
低筋面粉···································15g
牛奶······································150ml
无盐黄油···································10g

准备工作● （详细操作请参照P62）

1 将各种食材称量好备用。将鸡蛋的蛋黄和蛋清分开，各自放入干净容器里。

2 在容器内抹上薄薄一层黄油（分量外）。

3 将黄油置于耐热容器里，放入微波炉中加热30秒左右，使黄油化开。

4 把奶油奶酪切成4~6等分，裹上保鲜膜，置于微波炉中加热20秒左右，用手揉开。

5 烤箱预热到160℃。

6 将用于隔水蒸烤的热水煮沸。

制作方法● （详细操作请参照P63）

1 将蛋黄用打蛋器搅碎，加入30g细砂糖充分搅拌均匀。

2 将蛋黄液搅拌光滑后，加入低筋面粉，搅拌至看不到干面粉为止。慢慢加入牛奶，边加入边将其与食材搅拌均匀。

3 将2中食材过滤后加到锅里，用中火加热。煮沸后，调为较弱的中火，不断用橡胶铲搅拌（参照P34的要点）。

4 搅拌至食材出现光泽、有黏稠度后，将其从火上移开，加入黄油后，将食材搅拌至光滑。

5 在另一个容器里加入奶油奶酪，用打蛋器充分搅拌。将4中搅拌好的食材分2~3次加入，充分搅拌均匀（参照要点）。如果需要等待一段时间才能烤制的话，建议您此时在容器表面裹上一层保鲜膜。

6 找一个干净的容器，加入蛋白和剩余的20g细砂糖，用手持式搅拌机充分搅拌，打发至蛋白蓬松为止。将打发好的蛋白分2次加入5中，彻底搅拌均匀后，倒入容器里。

7 在烤盘上放置一个方底盘，放入容器。向方底盘里注入2cm深的热水，将烤盘放入烤箱里，烤制20~30分钟。烤至面糊不再膨胀时，就可以结束烤制过程了。

各种浓度不同的食材，搅拌起来比较有难度，因此可分2~3次加入，直至将食材搅拌光滑为止。

倒入面糊的时候，倒至容器边缘即可。

卡芒贝尔奶酪果酱舒芙蕾

Camembert cheese & jam souffle cheese cake

卡芒贝尔奶酪的盐渍风味，搭配酸甜可口的果酱，打造出一种成熟风味。
由于蛋糕没有采用隔水烤制的方法，做出的蛋糕蓬松、湿润，口感新鲜！

食材●（直径15cm的固底圆形模具1个份）

卡芒贝尔奶酪（参照P3）………	100g
奶油奶酪………………………	50g
细砂糖…………………………	60g
柠檬汁…………………………	1小匙
鸡蛋……………………………	2个
牛奶……………………………	2大匙
无盐黄油………………………	30g
低筋面粉………………………	25g
任意喜爱的水果果酱…………	50g
〈饼干底〉	
任意喜爱的曲奇饼干…………	40g
无盐黄油………………………	20g

制作方法●（详细操作请参照P62）

1 将各种食材称量好备用。将鸡蛋的蛋黄和蛋清分开，各自放入干净容器里。将黄油放在耐热容器里，置于微波炉中加热30秒左右，使黄油化开。

2 在模具内涂抹薄薄一层黄油（分量外），选用活底模具时，需要撒上少许低筋面粉（分量外）。选用固定模具时，需要在模具底部和侧面铺上一层烤箱用纸（参照P38）。

3 将用于饼干底的黄油放到耐热容器里，置于微波炉中加热30秒左右，待黄油化开后，与弄碎的曲奇饼干混合。将搅拌好的饼干碎铺在模具底部，置于冰箱中冷藏（参照P15）。

4 将奶油奶酪切成2~3等分，裹上保鲜膜，置于微波炉中加热10~20秒，用手揉开。

5 将卡芒贝尔奶酪横向切开，切成适当大小后，裹上保鲜膜，放入微波炉中加热10秒左右。

6 烤箱预热到170℃。

制作方法●（详细操作请参照P63）

1 将奶油奶酪放入容器里，用打蛋器搅拌，搅拌光滑后，加入40g细砂糖充分搅拌均匀。

2 待奶酪搅拌光滑后，加入卡芒贝尔奶酪，充分搅拌均匀。奶酪皮上的颗粒物不搅拌开亦可。

3 依次加入柠檬汁、蛋黄、牛奶、化开的黄油，每加入一种食材都要充分搅拌均匀。

4 搅拌至全部食材变光滑后，将低筋面粉筛入3中容器里，充分搅拌至看不到干粉为止。

5 加入20g果酱，将各种食材充分搅拌均匀。

6 在另一个容器里加入蛋白和剩余的20g细砂糖，用手持式搅拌机打发蛋白（参照P63），制作蛋白霜。将打发好的蛋白霜分2次加到5中，充分搅拌均匀，取2大匙搅拌好的面糊直接倒入模具里。

7 在剩余面糊里加入果酱，搅拌均匀，用汤匙在面糊表面弄出花纹。

8 将模具放入烤箱里，烤制40~50分钟，用竹签刺入蛋糕，以竹签上不粘连面糊为宜。

9 将烤好的蛋糕置于冷却架上，稍微冷却之后，裹上保鲜膜，置于冰箱中冷藏3小时以上。最后，将冷却的蛋糕从模具中取出即可。

卡芒贝尔奶酪比奶油奶酪更容易化开，因此这两种奶酪的加热要分开进行。

用汤匙在面糊表面轻轻滑动，就能装点出花纹了。

备忘录

果酱

这次我们选用的是樱桃果酱，您还可以根据个人喜好选择草莓果酱、覆盆子果酱、酸果酱等其他口味。建议您尽量选择带有果肉的果酱类型。

红小豆红糖舒芙蕾

azuki bean & brown sugar souffle cheese cake

本款蛋糕没有添加黄油，
淡淡的奶酪清香和浓郁的红糖风味，相互交织。
湿润的面糊中加入了柔软的红小豆，
是一款适合与绿茶搭配的和式甜点。

食材●（18cm×8cm×6.5cm的磅蛋糕模具1个份）

奶油奶酪	100g
红糖	30g
低筋面粉	30g
鸡蛋	2个
鲜奶油	2大匙
细砂糖	20g
水煮红小豆（市售）	80g

准备工作●（详细操作请参照P61）

1. 将各种食材称量好备用。将鸡蛋的蛋黄和蛋清分开，各自放入干净容器里。

2. 在模具内涂抹薄薄一层黄油（分量外），模具底部和侧面铺上一层烤箱用纸。其中侧面的垫纸要比模具高出2cm左右。

3. 把奶油奶酪切成4~6等分，用保鲜膜裹起来，置于微波炉中加热10~20秒，用手揉碎。

4. 烤箱预热到170℃。

制作方法●（详细操作请参照P63）

1. 将奶油奶酪放入容器里，用打蛋器搅拌，搅拌至光滑后，加入红糖搅拌均匀。

2. 依次加入蛋黄、鲜奶油，每加入一种食材都要搅拌至光滑。接着加入煮好的红小豆，充分搅拌均匀。

3. 将2中食材搅拌光滑后，筛入低筋面粉，搅拌至完全看不到干粉为止。

4. 在另一个碗里加入蛋白和细砂糖，用手持式搅拌机进行充分搅拌、打发。将打发好的蛋白霜分2次加到3里，搅拌均匀后，将面糊倒入模具里。

5. 将模具放入预热至170℃的烤箱里烤制40~50分钟，用竹签刺入蛋糕中间，面糊不会粘连在竹签上即表明烤制完成。

6. 将烤好的蛋糕置于冷却架上，待其稍微冷却之后，裹上保鲜膜，置于冰箱中冷藏3小时以上，最后，将冷却好的蛋糕从模具中取出即可。

备忘录

红糖

一种具有朴素风味的湿润性甘甜细砂糖。块状红糖需要经过处理弄碎，因此请选用颗粒状的红糖，使用起来更加方便。

煮制红小豆

将红小豆加入红糖后煮制而成。超市的罐头区一般都能买到。

要点

为了在搅拌过程中不将红小豆弄碎，搅拌动作要轻一些。

奶酪小甜品

制作奶酪蛋糕剩余的奶油奶酪，

也可以充分利用起来，

下面就为您介绍几款用剩余奶酪制作的小甜品。

首先介绍美味绝伦、人气NO.1的天使奶油，

还有用平底锅、微波炉等就能轻松做出的布丁、饼干等，

各种简单易学的小甜点，等你来学习，

家中来客人的时候，不妨露上一手吧！

天使奶油

crème d'ange

物如其名，这款甜点蓬松柔软，甘甜中带有酸爽口感。
制作要点是将水分充分沥干，还可以选用去除水分的酸奶代替奶酪进行制作。

食材● （4~6人份）

白奶酪（参照P3）……………100g
细砂糖……………………… 30g
鲜奶油……………………… 50ml
蛋白………………………… 2个
〈柠檬酱汁〉
蛋黄………………………… 1个份
细砂糖……………………… 10g
柠檬汁……………………… 1大匙
鲜奶油……………………… 25ml

为了制作出具有蓬松口感的甜点，搅拌过程中要尽量避免将蛋白霜中的气泡弄碎，进行搅拌时，一定不能过于剧烈、快速，这是做出美味天使奶油的关键。

白奶酪的水分含量较高，在使用之前一定要将水分充分沥干。

用打蛋器搅拌蛋黄时，以搅拌至打蛋器能够留下痕迹，鸡蛋中的腥味消失为宜。鲜奶油中加入热蛋黄会出现分离现象，因此要等蛋黄液冷却之后再与鲜奶油一起搅拌。

准备工作●

1 将各种食材称量好备用。
2 在容器上放一个笊篱或者过滤器，铺上纸巾或者纱布。
3 将用于隔水加热（参照P8）小锅里的清水煮沸。

制作方法●

1 将白奶酪加入钢盆里，加入20g细砂糖，用打蛋器搅拌。搅拌至食材变光滑后，加入鲜奶油，充分搅拌至食材呈蓬松状。
2 将蛋白加入另一个容器，用手持式搅拌机搅拌开后，加入剩余的细砂糖，高速搅拌至蛋白中含大量空气，制成蛋白霜（参照P63）。将搅拌好的蛋白霜分2~3次加到1中容器里，用橡胶铲切拌均匀（参照要点）。
3 将搅拌好的食材倒到准备好的笊篱上，盖上保鲜膜，放入冰箱冷藏室里，静置3小时左右，将食材里的水分沥干。
4 制作柠檬酱汁。将蛋黄、细砂糖、柠檬汁倒入容器，用打蛋器轻轻搅拌好后，隔水加热，边加热边搅拌。搅拌至食材变黏稠后，将容器从锅上移开。将食材连同容器一起放入冰箱里冷藏，在食用之前加入鲜奶油搅拌均匀即可。
5 用汤匙将3中沥干水分的食材盛到容器里，再浇上美味酱汁就可以食用了！

没有白奶酪时，用酸奶来制作吧！

将酸奶中的水分沥干，酸奶就会变成具有浓厚口味的鲜奶酪。从酸奶中析出的水分叫做乳清，其营养含量很高。在制作过程中不要将其舍弃，与牛奶、细砂糖混合到一起制作成饮料就能将其充分利用起来了。

制作方法
将笊篱或者过滤器置于容器上，铺上纸巾或纱布后，倒入200克原味酸奶。裹上保鲜膜，将容器置于冰箱冷藏室里，静置2~3小时，将酸奶中的水分沥干。沥干水分的酸奶以100g为宜。

奶酪蒸蛋糕

steamed cheese cake

粘润、蓬松，
带有淡淡奶酪味道，
美味无敌的奶酪蒸蛋糕！

食材●（直径6cm的铝制模具6份）

奶油奶酪	50~60g
细砂糖	50g
鸡蛋	1个
低筋面粉	40g
土豆淀粉	20g
泡打粉	1小匙
色拉油	10g

准备工作●

1 将各种食材称量好备用。

2 将鸡蛋打到容器里，搅开备用。

制作方法●

1 将奶油奶酪放到耐热容器里，置于微波炉中加热10秒左右，使奶酪软化，用打蛋器将奶酪搅拌光滑，依次加入细砂糖、鸡蛋，每加入一种食材都要搅拌均匀。

2 将低筋面粉、土豆淀粉、泡打粉混合筛入 1 中，用打蛋器将各种食材充分搅拌均匀。搅拌至食材没有结块时，最后加入色拉油，充分搅拌均匀。将搅拌好的食材倒入铝制容器里。

3 待锅里喷出蒸汽时，将装有面糊的铝制模具放入蒸锅里，用大火蒸10分钟左右。将竹签刺入蛋糕，如果没有粘上面糊，就表明美味的奶酪蒸蛋糕做好了！

备忘录

泡打粉

一种使面糊膨胀的发酵粉，比小苏打味道更小些。使用时，将其与其他粉末状食材混合，过筛之后，更容易搅拌均匀。

要点

在蒸的过程中，面糊会不断膨胀，因此盛面糊的时候，只装到8分满就可以了。

奶酪布丁

cheese pudding

在常见的布丁里添加奶油奶酪，
用蜂蜜柠檬酱汁代替焦糖酱汁，给人耳目一新的感觉！
只需使用制作奶酪蛋糕时剩余的奶油奶酪、鸡蛋、牛奶和细砂糖，
是用微波炉就能轻松制作出的美味甜点！

食材●（4个份）

奶油奶酪……………………… 50g
细砂糖………………………… 25g
鸡蛋…………………………… 1个
牛奶…………………………… 200ml
〈蜂蜜柠檬酱汁〉
蜂蜜…………………………… 25g
柠檬汁………………………… 1大匙

准备工作●

1 将各种食材称量好备用。

2 将鸡蛋打到容器里，搅开备用。

制作方法●

1 将奶油奶酪放入耐热容器里，置于微波
炉中加热10秒左右，待其变软后，用打
蛋器搅拌至光滑。

2 向容器里依次加入细砂糖、鸡蛋、
牛奶，每加入一种食材都要充分搅
拌均匀。

3 将2中食材过滤之后，分成4份倒入耐
热容器（要避免使用金属容器）里，
再盖上保鲜膜。

4 将几个容器留出空隙摆放在微波炉
中，用微波（170W）加热10~12分钟。
倾斜容器，如果蛋液不会溢出，证明
已经熟透。如果喜欢吃凉的甜点，还
可以将布丁放入冰箱里冷却。

5 将蜂蜜和柠檬汁加到小碗里，充分搅拌
均匀后，制成蜂蜜柠檬酱汁，浇到4中
布丁上。最后，装饰上几片柠檬薄片就
完成了。

微波炉的中间部
位难以受热，因
此将布丁摆放在
微波炉里的时候
要空出中间位
置。

奶酪饼干

cheese biscuits

这是一种用平底锅烤制，具有湿润、柔软口感的美味饼干。
淡淡的奶酪清香，朴素的味道，趁热食用味道最佳！
您还可以抹上喜欢的果酱，品尝另一种风味。

食材● （12~15个份）

奶油奶酪	50g
无盐黄油	25g
低筋面粉	100g
泡打粉	1/2大匙
细砂糖	2大匙
牛奶	1大匙
任意喜爱的果酱	适量
敷面（低筋面粉）	适量

※敷面是指将面糊抻开的时候，为防止面糊粘住而撒上的干面粉。

准备工作●

1 将各种食材称量好备用。

2 将黄油和奶油奶酪分别切成1cm大小的块状。

将面粉轻轻撒在黄油等食材的上面，用双手揉搓食材。为了防止搅拌过程中黄油融化，搅拌的动作要快一些。

当食材能够被捏成形时，即表明搅拌完成。

为了防止奶酪饼干在烘制过程中粘在一起，摆放时要在饼干中间留出空隙。如果一次烤不完，可以分几次进行。为防止面团变干，需要用保鲜膜将之后进行烘烤的面团包起来。

制作方法●

1 将低筋面粉和泡打粉混合，筛入容器里。

2 加入细砂糖，搅拌均匀后，加入黄油和奶油奶酪。

3 用双手的指尖，将面粉类食材与黄油、奶酪迅速搅拌均匀（参照要点）。将食材搅拌至红小豆大小的颗粒，能够捏成一团时即可（参照要点）。在食材里加入牛奶，搅拌之后，放入抽干空气的塑料袋里。如果有时间的话，最好将面团醒发15~30分钟，这样面糊才能有较好的伸缩性。

4 在案板上撒适量干面粉，放上3中做好的面团，用擀面杖擀成1cm厚，用喜欢的模具制作小饼干。将用模具压完的面团重新混合到一起，擀成1cm厚后，重复用模具压制，最后剩余很少面团时，直接将其整理成1cm厚的面团即可。

5 将压制好的饼干留出一定空隙摆放在平底锅里，加盖后，用文火加热，烘烤3~5分钟即可。烤至饼干底部上色之后，将其翻转过来，再次加盖，烤至饼干蓬松，3~5分钟即可。

6 涂上任意喜欢口味的果酱，就可以享用美味了。凉了的饼干，可以在食用之前，放回烤箱里稍微烤一下，同样美味。

奶酪核桃烤松饼

cheese & walnuts pancake

奶酪的风味与核桃的香味相互交融，
比起较为平整的制作方法，这种随意的制作方法更加容易操作，
满满地做上一盘子，尽情享受美味吧！

食材 ● （4人份）

奶油奶酪·······················100g
细砂糖··························20g
鸡蛋····························1个
牛奶···························2大匙
低筋面粉·······················100g
泡打粉························1/2大匙
核桃仁··························30g
枫糖浆··························适量

准备工作●

1 将各种食材称量好备用。鸡蛋打到容器里，搅开备用。

2 核桃仁用烤箱的文火烤制5分钟左右，或者用平底锅炒一下，炒香之后，将其切成5mm的小块状。

制作方法 ●

1 将奶油奶酪放入耐热容器里，置于微波炉中加热20秒左右，将其变软后，用打蛋器搅拌至光滑。

2 依次加入细砂糖、鸡蛋、牛奶等，每加入一种食材都要充分搅拌至光滑。

3 将低筋面粉和泡打粉混合筛入2中，用打蛋器搅拌至看不到干面粉为止。

4 平底锅用文火预热一下，将3中搅拌好的面糊摊成任意喜欢的大小，加盖后，慢慢烤制。待面糊表面散出空气，烤出颜色后，将松饼翻转过来，再次加盖烘烤一段时间。最后结合自己喜好，添加适量枫糖浆即可。

烤制时的平底锅请选用有不沾涂层的，这样即使不添加食用油也能将松饼烤制出漂亮的颜色。

黄桃奶酪蛋挞

Peach cheese flan

用制作奶酪蛋糕剩余的奶油奶酪轻松做出的美味甜点。
看外形酷似水果版的奶酪烤饼，一起来尝试做做吧！

食材 ●（4人份）

奶油奶酪	50g
细砂糖	40g
鸡蛋	2个
牛奶	50ml
土豆淀粉	15g
黄桃（罐头）	对半挨切开的8块
杏仁片和糖粉	各少许

准备工作 ●

1 将各种食材称量好备用。

2 将黄桃果肉从中间切开，沥干汁液备用。

3 将鸡蛋打到容器里，搅开备用。

4 烤箱预热至200℃。

制作方法 ●

1 在可以放入烤箱的1人份烤盘里各自放入4块切好的黄桃果肉。

2 将奶油奶酪放入耐热容器里，置于微波炉中加热10秒左右，使其变软。用打蛋器将变软的奶酪搅拌至光滑。

3 依次加入细砂糖、鸡蛋，每加入一种食材都要搅拌均匀。

4 加入土豆淀粉，搅拌至看不到干粉为止，加入牛奶，搅拌均匀。

5 将做好的面糊均匀地倒入各容器里，喜欢的话，还可以撒上杏仁片。将容器放入烤箱里，烤至面糊蓬松，每个大约烤制10分钟左右。为防止甜点表面烤焦，在烤制过程中还可以盖上铝箔纸。最后，撒上些糖粉即可。

备忘录

黄桃

将黄桃去核后放入糖浆中浸泡制成。有切成碎块以及对半切开等不同种类。

要点

由于面糊中含水量较高，因此加入的黄桃罐头要尽量沥干水分，倒入的面糊以至容器八分满为宜。

奶酪奶油夹心咸味饼干

cheese cream sand cracker

细腻的奶油奶酪与葡萄干一起制成美味夹心，
裹上咸味饼干，
变身最具人气的葡萄干夹心咸味饼干，
一定要亲手试试！

食材● （8个份）

奶油奶酪	50g
咸味饼干	16片
细砂糖	15g
柠檬汁	1小匙
葡萄干	24粒

准备工作●

1 将各种食材称量好备用。
2 将鸡蛋打到容器里，搅开备用。

制作方法●

1 将奶油奶酪放入耐热容器里，置于微波炉中加热10秒左右，使其软化。用打蛋器将奶酪搅拌至光滑后，加入细砂糖和柠檬汁，将各种食材搅拌均匀。

2 在咸味饼干上涂抹适量/中搅拌好的奶酪，撒上三粒葡萄干后，加上一片饼干将奶酪夹住。

3 将饼干置于冰箱里冷藏5分钟左右，使奶酪稍稍凝固。

备忘录

咸味饼干
一种带有甜味，表面粘有盐粒的饼干。建议您选用各大超市均有出售的乐之饼干。

要点

抹好奶酪之后，从上面用饼干压住的话，奶酪容易被挤出，因此将饼干轻轻盖上即可。

白桃奶酪沙司

本款沙司除了可以抹在曲奇饼干上直接食用外，还可以涂抹到蛋糕或者面包上搭配食用。

食材●（4人份）

奶油奶酪·····················50g
白桃（罐头）················50g
罐头汁·······················1大匙
白葡萄酒····················1大匙
手指饼干（参照P28）········8根

制作方法●

将白桃放到碗里，用叉子碾碎。

将奶油奶酪用保鲜膜包裹起来，置于微波炉中加热10秒左右，用手揉碎后，加入容器里，用打蛋器充分搅拌至光滑。加入罐头汁和白葡萄酒，继续将各种食材搅拌均匀。

将做好的沙司涂抹到手指饼干上食用即可。

板栗奶酪茶巾绞

Marron cheese ball

典型和式甜点的外观，食用起来却异常美味。
栗子酱与奶酪的创意搭配，是你从未体验过的至尊美味！

食材 ●（6个份）

奶油奶酪……………………………100g
栗子酱………………………………50g
板栗（参照P57）……………………6个
抹茶…………………………………少许

制作方法 ●

1 将奶油奶酪放入耐热容器里，置于微波炉中加热20秒左右。将软化的奶酪用打蛋器搅拌至光滑，加入栗子酱，充分搅拌均匀。

2 切一块手掌大小的保鲜膜，展开后，放入1/6搅拌好的食材，放上一个甘栗。

3 将保鲜膜的四角聚拢，将口捏紧，把里面的食材包裹起来。将裹好的点心置于冰箱冷藏室里冷冻10分钟左右，使其充分冷却、凝固。

4 将保鲜膜取下，撒上适量抹茶粉即可。

栗子酱

将煮过后的栗子过滤，再与细砂糖一起煮制的泥状沙司。也可以用坚果黄油或者巧克力果酱代替。

制作时，要用面糊将栗子整个包裹起来，将保鲜膜四角向中间聚拢。

甜美奶酪球

sweet cheese ball

在奶油奶酪中添加水果、坚果和曲奇饼干碎等美味食材，
制作成美观的圆形，是一款不错的待客甜品。

食材 ●（4人份）

奶油奶酪··················100g
蜂蜜····················· 20g
巧克力曲奇（奥利奥等）········ 25g
水果干和坚果的混合物·········· 30g
※这里主要添加葡萄干、杏仁、南瓜
籽、花生米、松子、枸杞子等，您还可
以根据自己的喜好进行适当调整。

制作方法 ●

1 将奶油奶酪放入耐热容器里，用微波炉
加热20秒左右，使其软化。用打蛋器
将奶酪搅拌至光滑，加入蜂蜜后，搅
拌均匀。

2 将曲奇饼干弄碎，加入一半1中搅拌好
的食材，充分搅拌均匀后，用两个汤
匙将其整理成一口大的圆球形，置于
方底盘里即可。

3 在1中剩余食材里加入水果干和干果混
合物，重复以上操作步骤。

4 将放上奶酪球的方底盘置于冰箱冷冻
室里5分钟左右，待奶酪凝固后，装
盘即可。

美味甜点送给朋友分享♥
可爱的艺术包装点子

当您驾轻就熟时，一定要亲手做些美味奶酪蛋糕送给自己最亲近的朋友，
让他们一起享用你的劳动成果，分享你的喜悦！
朋友们充满感激的笑颜，一定会让您爱上蛋糕制作的！

用铝制模具烤制的奶酪蛋糕，一个正好是1人份，作为礼物馈赠亲朋再适合不过了。可以将其放入透明的塑料袋里，用木制夹子夹上，装点些小花样，这样，就可以装饰成十分精致的小礼物了。

奶酪条容易出油，可以选用蜡纸将其包裹起来，两头拧紧，像糖果一样，这样在食用的时候，既不会弄脏双手，便于携带，也便于食用。

用圆形模具制作的奶酪蛋糕，可以先将其切分成小块，包上蜡纸，携带起来十分方便。选用一些令人心情大好的艳丽丝线捆绑起来，将处理好的甜点装到木制盒子里，蛋糕竟也可以做得这样可爱！朋友打开盒盖的瞬间，一定会欣喜若狂的！

为保持用磅蛋糕模具烤制的奶酪蛋糕的形状，可以将其放入用蜡纸铺好的小盒子里，为了能够看到里面的内容，可以用透明玻璃纸将其包裹起来，系上漂亮的蝴蝶结，附上一张精致小卡片，一份充满心意的小礼物就完成了。